陈东栋◎著

山东城市出版传媒集团·济南出版社

图书在版编目(CIP)数据

数学帮.一课一故事.2 / 陈东栋著.—济南:济南出版社,2019.6(2019.9重印)

ISBN 978—7—5488—3771—8

Ⅰ.①数… Ⅱ.①陈… Ⅲ.①小学数学课—教学参考资料 Ⅳ.①G624.503

中国版本图书馆CIP数据核字(2019)第105304号

出 版 人	崔 刚
出版发行	济南出版社
地 址	山东省济南市二环南路1号(250002)
编辑热线	0531—86131725
发行热线	0531—86131728 86116641 86131701
印 刷	山东省东营市新华印刷厂
版 次	2019年6月第1版
印 次	2019年9月第2次印刷
成品尺寸	148毫米×210毫米 32开
印 张	5.75
字 数	124千
印 数	5001—10000册
定 价	25.00元

致小读者

亲爱的小读者：

你好！

数学＋故事＝有趣、神奇、机智、幽默、温馨、实用……

当你打开这本书，你会惊奇地发现，今天你刚刚学习的数学知识已变成了一篇故事，读有趣的故事变成了数学预习和数学应用。太棒了，原来数学还可以这样学！

捧起《数学帮：一课一故事》，你会爱不释手，因为这本书能改变你对数学学习的看法，提高你数学学习的能力，激发你数学学习的热情，培养你数学文化的素养……

打开《数学帮：一课一故事》，你会发现，枯燥的数学知识已披上了故事的外衣：数学概念变成了顺口溜，数学公式变成了破案的利剑，数学运算变成了密码，数学习题变成了闯关游戏……

瞧，书中的小主人公正在朝你招手呢！

在一年级故事中，噜噜与小伙伴们一起认识了时间的奇妙；山羊老师努力让学生们喜欢“无意义”的数字0；小动物们入住啄木鸟先生开的树洞旅店，拿着钥匙却找不到自己的房间……

在二年级故事中，噜噜在山羊老师的课堂上，终于分清了钝角、直角和锐角；蜜蜂甜甜当裁判，公平地把芝麻判给了当当；三只小猫齐心协力去钓鱼，最后却怎么也分不公平……

在三年级故事中，毛超和史飞在划船比赛中学到了长方形和正方形；到分数城做客的小数得到了市长“1”的热情招待；毛超和爸爸妈妈去旅游，却“意外”钻进了数学黑洞……

在四年级故事中，小哪吒和两位哥哥一起认识了多位数；啄木鸟帮助小麻雀治好了腿疾；马老师带着大家一起到校外去寻找数学；最奇怪的是，老黄牛教儿子学数学，竟然都教错了……

在五年级故事中，唐僧取经归来开起了“数学智慧课堂”；羊力大仙和鹿力大仙修炼成功；而小猴和狐狸结伴到大森林智力游乐场游玩，竟然碰到了巨兽……

在六年级故事中，同学们跟着马老师一起学习分数乘除法；刘梦遥在梦中带着单子华飞行，竟然飞到了金字塔，到了埃及的亚历山大……

故事读完了，那藏在故事中的数学知识你理解了吗？拿起笔，挑战一下自己的智慧吧！在每篇故事后面都有一个与你今天课堂数学学习相关的“数学智慧大冲浪”，如果你能顺利解答，恭喜你，今天你的数学学习超级棒！

数学是思维的体操，是通往知识王国的不可或缺的基本工具。我们希望，这套《数学帮：一课一故事》系列丛书能帮助你打开数学世界的大门，让你在提高数学解题能力的同时，开拓眼界，感悟数学之美，享受数学智趣，成为一个能用数学头脑解决问题的成功少年！

不忘初心，我们都是追梦人！

你的大朋友

2019.4.20

目　录

上

三 图形的运动(一)

四 表内除法(二)

五 混合运算

六 有余数的除法

七 万以内数的认识

八 克和千克

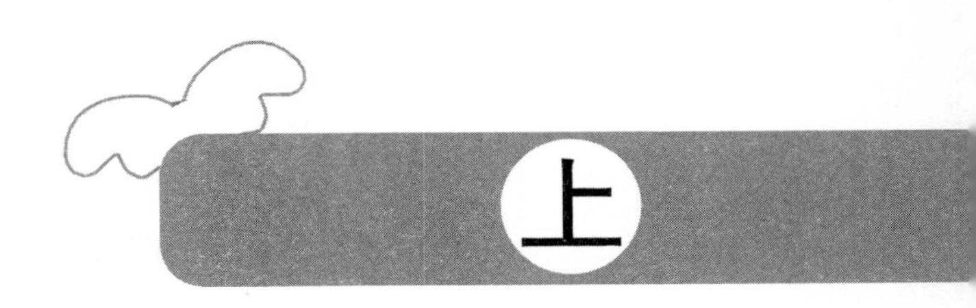
上

一 长度单位

1 厘米和米（应用题）
营救井底之蛙

导语

热心的小鸡格格救了小青蛙，可是她借来的丝线却掉进井里了，该买多长的丝线还给蝴蝶小姐呢？

小鸡格格独自走在郊外，她伤心极了。因为在学校的捐款活动中，她捐了仅有的2元钱，可小伙伴们都嘲笑她，说她是“小肚鸡肠”，委屈的格格想独自静一静。

“呱呱呱……救命啊！”

格格循着声音来到了一口枯井边，朝里一瞧，原来是一只小青蛙。她问道：“你怎么掉井里了？”

“都是那该死的蛇和蝎子，是他们逼我跳进井里的……唉，不说这些了，你能想办法救我出去吗？”

格格找到了蝴蝶，向她借了一根又长又细的丝线。当格格把丝线伸到井底时，小青蛙拉了拉细细的丝线，叫道：“太细了，会断的！”

格格把丝线编成了双股，终于把小青蛙拉了上来。“谢谢你救了我！”小青蛙感激地说道。

格格和小青蛙在井边谈起了各自的遭遇，一阵风吹来，丝线掉进了井里。“哎呀，这可怎么办？”格格惊慌地说道。

“我们找一根同样长的丝线还给蝴蝶，你知道这根丝线有多长吗？”小青蛙问道。

“不知道，我只记得第一次单股时，井口外还有 9 米；第二次编成双股时，井外还多出 1 米。”格格回答道。

小青蛙想了想说：“这就好办了，你借的丝线是 16 米。”

格格不解地问道：“你是怎么知道的呢？”

小青蛙画了一幅图：

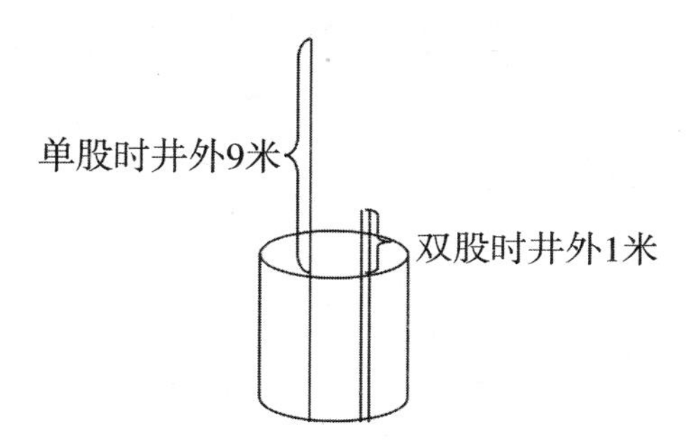

“你看，单股时井外是 9 米，双股时井外多出 1 米，实际是多出 2 个 1 米，9－2＝7(米)，这正好是井的深度。用 7＋9＝16(米)，就知道丝线是 16 米了。”小青蛙解释道。

“我们买一根丝线还给蝴蝶吧，你有钱吗？”小青蛙问道。

“没有，我的钱全捐了。”格格低下头，不想谈起那段伤心的事。

小青蛙安慰道：“不要紧，我们可以表演节目，等挣了钱再买一根丝线还给蝴蝶。”

数学智慧大冲浪 1

小猴家有一口井。小猴用吊桶打水的时候，如果把吊桶的绳子拴成单股，井口外还多出6米；如果把吊桶的绳子拴成双股，井口外还多出1米。你知道井口离水面有几米吗？吊桶上的绳子有多长呢？

2 厘米和米（智力题）会滑滑板的小蜗牛

导语

慢吞吞的小蜗牛们决定外出旅游，可他们爬得太慢了。不过这可没能难住他们，因为他们有了一件新装备——滑板！

“小蜗牛小蜗牛，背着房子去旅游。哪儿美丽哪逗留，出门就是最自由。哎哟哟、哎哟哟……”不远处传来了几只小蜗牛的歌声。

“小蜗牛，你们也要去旅游吗？”小鸡格格礼貌地问道。

小鸡、小青蛙和小蜗牛们攀谈起来，得知这四只小蜗牛有着奇怪的名字，从大到小分别叫甲、乙、丙、丁。

“呱呱呱，你们的名字太有趣了！”小青蛙张着大嘴笑道。

格格批评道：“不可以嘲笑别人，你忘了被人嘲笑‘井底之蛙’的感受了吗？”

“是呀，我们总被嘲笑为慢吞吞的蜗牛，其实在平地上，我们也可以走得很快。你们瞧，这是我们的新装备——滑板！”蜗牛甲得意地从蜗牛壳里拿出一块滑板。

四只小蜗牛表演起了滑滑板，小鸡称赞道：“蜗牛甲，你滑得可真快！”

蜗牛甲笑道：“我们当中，我不是滑得最快的，但要比蜗牛丙快。”

蜗牛丙不服气道：“我虽然不是最快的，但要比蜗牛乙快。”

蜗牛丁问道：“小鸡，你知道我们谁滑得最快，谁滑得最慢吗？”

“这，这…… 太难了，我想不出来。”格格不好意思地回答道。

小青蛙不紧不慢地说道：“这有何难？蜗牛丁最快，蜗牛乙最慢，蜗牛甲第二名，蜗牛丙第三名。”

蜗牛们惊讶地问道：“你是怎么知道的？”

“蜗牛甲比丙快，而蜗牛丙比乙快，由于他们都不是最快的，所以蜗牛丁肯定最快。”

“小青蛙，你可真聪明！”大家一致称赞道。

小蜗牛们决定和小鸡他们去旅游，蜗牛丁说：“要出远门了，我先爬到树顶和妈妈说一声。”

只见蜗牛丁慢吞吞地朝树上爬去，8 米高的大树，蜗牛丁白天向上爬 3 米，晚上又滑下 2 米；第二天白天又向上爬了 3 米，晚上又滑下 2 米……

格格也着急了，说道：“白天爬 3 米，晚上掉 2 米，一天才爬上去 1 米。8 米高的大树，爬到树顶，要爬 8 天的时间啊！”

小青蛙说道：“小鸡，你算错了，前 5 天每天能爬 1 米，也就是爬了 5 米；但第六天白天向上爬 3 米就已经到顶了，所以第六天就能爬到树顶了。”

到了第六天的晚上，只听到“啪”的一声，蜗牛丁从树顶上掉了下来，掉在了软软的草坪上。正当大伙儿担忧蜗牛丁的安危时，只见蜗牛丁从壳里伸出脑袋笑道：“妈妈已同意了，我们出发吧！”

数学智慧大冲浪 2

一只杯子高 18 厘米，一只蜗牛从杯底向上爬，爬 3 厘米要 4 分钟，然后休息 2 分钟再爬。这样蜗牛从杯底爬到杯口，要用几分钟？

3 缺刻度尺 巧测棒棒糖

导语

小动物们买了一根棒棒糖准备分着吃，可多吃糖会烂牙齿，小动物们需要的棒棒糖长度又不一样。小螳螂只有一把破旧的尺子，而且上面许多刻度都磨掉了，这可怎么量呢？

“看一看，瞧一瞧，又甜又脆的棒棒糖！”小螳螂挥舞着他的镰刀臂大声地吆喝着。

“好香啊!”四只小蜗牛闻着糖香,连路都走不动了。

大嘴巴青蛙禁不住糖香的诱惑,迅速伸出他的长舌头舔了棒棒糖一下,可还是被小螳螂发现了:“不买怎么可以偷吃呢?”

“对不起,这根棒棒糖我们买了。”蜗牛丁从壳里拿出唯一的一枚森林币说道。

“一根棒棒糖该如何分呢?”

小螳螂说道:“这还不简单?一根棒棒糖 12 厘米,你们六位正好每位分 2 厘米。”

蜗牛甲摇摇头说:“糖吃多了会烂牙齿的,我们四兄弟每位分 1 厘米就行了。”

小鸡格格点点头说:“我也不赞成多吃糖,我就分 3 厘米吧。”

青蛙开心地叫道:“剩下的 5 厘米全归我了,我不怕烂牙齿。”

小螳螂从背包里翻出一把破旧的直尺,为难道:“1 厘米可以量出来,可是 3 厘米和 5 厘米该怎么量呢?”

大伙儿一看,原来这把尺子上有许多刻度已看不清了。

“这破尺子怎么量啊,你重新换一把新尺吧。”小鸡格格抱怨道。

小青蛙拿过直尺,笑道:“可别小看这把尺子,它不仅能量出 3 厘米、5 厘米,还能量出 1~11 厘米中任何一个整厘米数的长度呢。”

“怎么量?”大伙儿异口同声地问道。

小青蛙指着尺子解释起来:

“1 厘米的长度：用‘0～1’来量，1－0＝1(厘米)；

“2 厘米的长度：用‘7～9’来量，或者用‘9～11’来量，9－7＝2(厘米)，11－9＝2(厘米)；

“3 厘米的长度：用‘4～7’来量，7－4＝3(厘米)；

“4 厘米的长度：用‘0～4’来量，或者用‘7～11’来量，4－0＝4(厘米)，11－7＝4(厘米)；

“5 厘米的长度：用‘4～9’来量，9－4＝5(厘米)；

“6 厘米的长度：用‘1～7’来量，7－1＝6(厘米)；

“7 厘米的长度：用‘0～7’来量，或者用‘4～11’来量，7－0＝7(厘米)，11－4＝7(厘米)；

“8 厘米的长度：用‘1～9’来量，9－1＝8(厘米)；

“9 厘米的长度：用‘0～9’来量，9－0＝9(厘米)；

“10 厘米的长度：用‘1～11’来量，11－1＝10(厘米)；

“11 厘米的长度：用‘0～11’来量，11－0＝11(厘米)。”

“没想到，我这把破尺子还能量出这么多长度啊！”小螳螂惊叹道。

数学智慧大冲浪 3

有一把尺子，上面只能看清以下几个刻度：0、4、5、8、12。用这把尺子能直接量出几种不同的长度？

4 巧填长度单位 丽丽的数学日记

小兔丽丽学了米和厘米后，感觉两个单位太有用了，这不，晚上她还梦见米和厘米两兄弟争功呢！真是太有趣了，丽丽把梦记下来，写成一篇数学日记读给大伙儿听。

最近数学王国的国王邀请了两位新成员加入，他们是兄弟俩：米(m)和厘米(cm)。

兄弟俩高高兴兴地向数学王国走去，当他们来到城门口时，数学卫兵拦住了他们："站住！你们是字母王国的臣民，怎么跑到我们数学王国来了？"

米和厘米得意地说："我们是国王新任命的长度单位。"

国王热情地接待了兄弟俩，并让他们专门负责测量物体的长短、高低，并规定1米=100厘米。

数学王国的百姓们都热情地邀请兄弟俩去家里做客，并请他们帮着测量家里物体的长短。慢慢地，兄弟俩开始骄傲了。

米对厘米说："小不点，一百个你才等于一个我，你的作用太小了！"

厘米不服气地说："没你我也能测量！"

一天，小猴拿着一张纸条来到兄弟俩的家，纸条上写着：新房门的高度是2(　　)。

这天，米正好不在家，厘米心想，正好让我表现一下，于是说道："应该填厘米。"

又有一次，厘米外出了，小象拿了一张纸条来到兄弟俩的家，纸条上写着：桌子的长度是100(　　)。

米想也没想就说："应该填米。"

……

过了几天，小猴拿着只有2厘米高的小门，而大象却拖着100米长的桌子找数学国王理论。

围观的臣民们都笑了。国王让人找来米和厘米兄弟俩，对他们说："你们兄弟俩各有各的作用，可不能为了争功而胡乱测量呀！"

兄弟俩明白了，羞红了脸，说："今后我们一定搞好团结，帮助大家做好测量。"

数学智慧大冲浪 4

小朋友，下面一段话里用了很多长度单位，你能找出错误的地方吗？

早晨6点，小猪噜噜从长2厘米的大床上起来，拿起17米长的牙刷把牙齿刷得干干净净。随后，他吃了一根30米长的油条，喝了一杯牛奶。最后，他拿起书包，以每秒2厘米的速度往学校飞奔。

二 100以内的加法和减法(二)

1 不进位加

怎么多出来了?

导语

小兔丽丽过生日,小猪噜噜为了早点吃上香甜可口的饼,主动帮助丽丽统计人数。统计数据出来了,噜噜却发现人数不对,这是为什么呢?

小兔丽丽要过生日了,她邀请21位同学在家里搞生日派对。小猪噜噜听说有东西吃,不请自到,还第一个跑到丽丽家。为了早点吃到可口的萝卜丝饼和南瓜饼,他还主动提出来要帮丽丽做饼。

客人都来了,丽丽说道:“噜噜,你去问问大伙儿都喜欢吃什么馅的饼,这样我就能知道哪种饼应该多做一些了。”

噜噜连忙跑到厨房外问道:“你们喜欢吃丽丽做的饼吗?”

“废话,这还用问吗?”小猴灵灵笑道。

“喜欢吃萝卜丝馅的请举手。”噜噜数了数,有13位。“喜欢吃南瓜馅的请举手。”噜噜又数了数,有16位。

噜噜纳闷了:13+16=29,可现在明明只有21位客人,怎么变成29位了呢?

灵灵不屑地说道:“这有什么好奇怪的,因为有的同学举了两次手呀。”

噜噜又问道:“那举两次手的有多少位同学呢?”

灵灵画了一个图解释道:

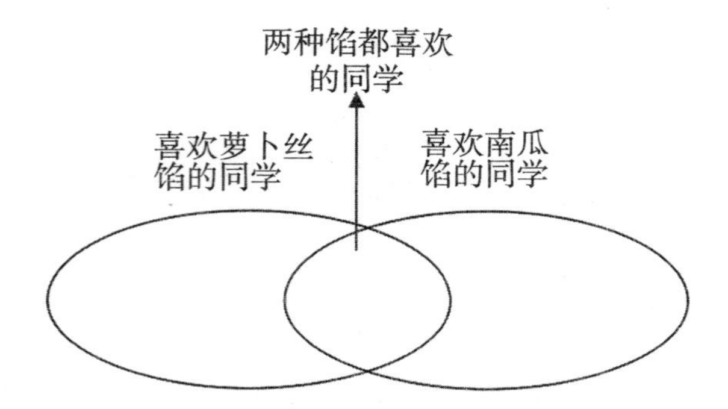

灵灵得意地说:“在统计时,你把两种馅都喜欢的同学算了两次,所以只要用两次统计的和减去实际的总人数,就是两种馅都喜欢的同学数量了。”

数学智慧大冲浪 5

山羊老师让噜噜统计课间小动物们喜欢跳绳还是踢毽子。噜噜把大伙儿召集在一起,得知包括噜噜自己共有20位同学喜欢跳绳,有17位同学喜欢踢毽子,可班上明明只有32位同学。有多少小动物两项运动都喜欢呢?

2 进位加（一）
小猴过河

导语

小猴灵灵摘了一桶桃子要过河，可是这座桥限重 25 千克，灵灵加上桃子的重量远远超过了这个限重，他又不会游泳，这可怎么办呢？

一群小动物做游戏。“太热了，我们到前面的大树底下休息一会儿再玩吧。”小猪噜噜最受不了炎热的天气。

“啪”的一声，一个鲜红的桃子从天而降。

“啊，天上掉桃子了！”大伙儿抬头一看，原来是小猴灵灵正在树上摘桃子呢。灵灵从树上跳下来，把摘的桃子都放进一个水桶里。他称了称，重 19 千克。

“哈哈，今年桃子大丰收，这一大桶桃子够我吃好几天了。”灵灵吃力地拎起水桶准备回家。

“这个桃子你还要吗？不过，我已经咬了一口了。”噜噜礼貌地问道。

“不要了，这个桃子送给你。”

灵灵拎着水桶来到河边，河上只有一座年久失修的木桥，只见木桥边上写着：限重 25 千克。灵灵为难了，不知怎么办。

“为什么不过河呀？”小兔丽丽热心地问道。

“唉，我的体重是 23 千克，这桶桃子有 19 千克，加起来 42 千克，这桥承受不了啊。”灵灵挠挠头，为难地说道。

“这有什么难办的，你每次运小于 2 千克重的桃子，来回多运几次不就行了？”噜噜给灵灵出了一个分次运桃的办法。

大嘴巴河马胖胖可是游泳健将，他看到河水离桥面很近，想到了一个好办法，连忙说道：“我有一个好办法，一次就能把桃子全部运过河。”

“什么办法？”灵灵急切地问道。

胖胖让灵灵在水桶上系了一根绳子，并把水桶放到河里。水桶受到水的浮力，浮在水面上，灵灵牵着水桶很轻松地就过了桥。

3 进位加（二）
来了多少小动物？

导语

呱呱叫杂技团就要开演啦！小鸡格格用列竖式的方法计算观众人数，蜗牛甲、乙、丙、丁四兄弟分别用不同的方法口算出了结果。

青蛙呱呱想去旅游，可是他没有路费，于是他叫上小鸡格格和蜗牛甲、乙、丙、丁四兄弟。几个小伙伴一商量，决定表演一场杂技。

“走过路过，千万不要错过！呱呱叫杂技表演马上就要开演啦！”青蛙卖力地吆喝着。

一会儿工夫，来了好很多小动物，排起了长长的队伍。青蛙催促道：“格格，你清点一下来了多少位观众，给大家安排座位。”

格格数了数，地面上的观众有59位，空中的观众有33位。这一共得安排多少个座位呢？

格格想到了列竖式计算，她捡起一根树枝在地上算了起来：

$$\begin{array}{r} 33 \\ +\ 59 \\ \hline 92 \end{array}$$

蜗牛甲看到了，得意地说：“不列竖式，我用口算也能算出来。”

“怎么口算?”格格问道。

蜗牛甲解释道:“我先把 33 分成 30 和 3 两部分,30 先加 59 得到 89,再用 89 加上 3,就可以算出 92 了。”

蜗牛乙不服气地说:“我也能口算,而且比你的方法更快。因为 59 接近 60,所以我把 59 看成 60,用 60 加上 33 等于 93。由于 59 看作 60 多加了 1,所以最后再减去 1,也能口算出 92。”

蜗牛丙等不及了:“我还有办法。我把 33 分成 30 和 3 两部分,把 59 分成 50 和 9 两部分,先用 30 加上 50 等于 80,再用 3 加上 9 等于 12,最后 80 加上 12 也等于 92。”

蜗牛丁最后总结道:“你们的方法都有优点,也有不足。综合起来,我得到一个方法:先用 30 加上 60 等于 90,一个少加了 3,一个多加了 1,所以最后用 90 加上 2 等于 92。”

小鸡格格感叹道:“没想到一个小小的加法算式,竟有这么多计算方法。”

青蛙跳过来叫道:“呱呱呱,观众快要进场了,赶紧安排座位吧!”

数学智慧大冲浪 7

两位母亲把钱给两个孩子,其中一位母亲给她的孩子 65 元,另一位母亲给她的孩子 25 元。但这两个孩子所得的钱,合起来是 65 元。请你想一想,这是怎么一回事呢?

4 不退位减

空桶倒油

小白鼠借了田鼠39克油，如果今天还不上，田鼠就要把小白鼠刚买的整桶油拖走。不巧的是小白鼠家没有秤，只有三个空油桶。其中一个能装15克油，另一个能装27克油，还有一个更大的空桶，不清楚能装多少油。这可急坏了小白鼠……

“叮叮当，叮叮当”，小鸡格格开着新买的大巴车载着蜗牛和青蛙往前开，突然从路边窜出一个白影，吓得小鸡连打方向盘，踩下刹车。

青蛙一看，是一只小白鼠，他从车上跳下来叫道：“在马路上乱跑，你不要命啦！”

“对不起，对不起，我急着到镇上去借秤，否则我的油就没了。”满头大汗的小白鼠连忙道歉。

“小白鼠，你肯定遇到难题了，说来听听，也许我们可以帮上忙。”格格安慰道。

“上个月我借了田鼠39克油，今天我特意买了一大桶油，打算倒出一些还给田鼠。可家里没有秤，只有三个空油桶，其中一个能装15克，另一个能装27克，还有一个更大的桶，偏偏没有装39克的油桶。”小白鼠说道。

蜗牛们不解地问："那你的油也不至于没了呀。"

小白鼠解释道："唉，今天是借条上的最后一天。如果今天还不上，田鼠就要拖走我刚买的整桶油了。"

"这儿离镇上挺远的，要不我开车送你去吧。"热心的格格说道。

青蛙想了想，说："有办法了。不用称，我也能倒出 39 克油来。"

"真的？说来听听。"

青蛙自信地说："用三个空油桶，分三步就能倒出 39 克油来。

"第一步：先倒满 15 克的油桶，然后把这些油倒入第三个空桶里。

"第二步：再把 27 克的油桶倒满，然后把其中 15 克油倒进 15 克的油桶里，这样 27 克的桶里就剩下 27－15＝12（克）油；把这 12 克油也倒进第三个油桶里，这时第三个油桶里就有 15＋12＝27（克）油。

"第三步：再进行第二步的操作，再得到 12 克油；把这 12 克油也倒入第三个油桶里，这样第三个油桶里就有 27＋12＝39（克）油了。"

蜗牛甲慢吞吞地说："方法是不错，但还有更简单的办法。

"第一步：先倒满 27 克的油桶，然后把这些油倒入第三个空桶里。

"第二步：用刚才青蛙的方法，也就是把 27 克的油桶再加满，然后把其中 15 克油倒进 15 克的油桶里，这样 27 克的桶里就剩下 27－15＝12（克）油；把这 12 克油也倒进第三个油桶里，这样第三个油桶里就有 27＋12＝39（克）油了。"

“太棒了！谢谢你们。”小白鼠兴奋地跳了起来。

数学智慧大冲浪 8

一个小桶能装5千克油，一个大桶能装7千克油。没有其他的称量工具，你能用这两只桶往一个空桶里倒入9千克油吗？

5 退位减 呼噜猪

导语 小猪噜噜上课又睡着了，真是屡教不改。狐狸姣姣又给噜噜起了个外号——呼噜猪。

“同学们，今天是开学第一课，我们学习两位数加两位数……”山羊老师推了推鼻梁上的老花镜，开始了今天的教学。

“真没劲，每天都这样，一点新意也没有。”小猪噜噜无精打采地趴在课桌上，很快就进入了梦乡。

小猴灵灵推醒了正在做梦的噜噜，笑道：“又梦到吃大餐了？”

“你咋知道的，我的梦里没有你呀？”噜噜惊讶地问道。

灵灵指了指噜噜嘴角的口水笑道：“是你那馋嘴巴告了密。”

“我的大餐才吃了一半，你得赔我！”

“我陪你玩游戏吧。”好玩的灵灵和噜噜在课桌底下玩起了小游戏。

山羊老师教完新课后，给同学们布置了作业：“上学期我们小动物班有 47 名学生，这学期又增加了 24 名学生，今天有 3 名学生请假。大家算一算，学校今天要准备多少份午餐？”

一听到吃饭，噜噜顿时来了精神，叫道：“我来算！”说完在黑板上列了个竖式：

$$\begin{array}{rrr} & 4 & 7 \\ + & 2 & 4 \\ \hline & 6 & 1 \end{array}$$

“哈哈，满十不知进一，噜噜上课肯定又睡觉了，应该叫你‘呼噜猪’！”狐狸姣姣第一个笑道。

噜噜立刻改了过来：

$$\begin{array}{rrr} & 4 & 7 \\ + & 2 & 4 \\ \hline & 7 & 1 \end{array} \qquad \begin{array}{rrr} & 7 & 1 \\ - & 3 & \\ \hline & 4 & 1 \end{array}$$

“又错啦，做减法时数位没有对齐……”这时班里乱成了一锅粥。

噜噜计算错了，还狡辩道：“个位上的 1 不够减，所以用 7 去减，我哪里做错了？”

山羊老师耐心地解释道：“当个位不够减时，可以向十位借一，而不是直接用十位上的数去减。”

在山羊老师的指导下，噜噜终于列对了算式：

$$\begin{array}{rrr} & 4 & 7 \\ + & 2 & 4 \\ \hline & 7 & 1 \end{array} \qquad \begin{array}{rrr} & 7 & 1 \\ - & & 3 \\ \hline & 6 & 8 \end{array}$$

数学智慧大冲浪 9

请帮啄木鸟医生把错误的竖式改过来：

$$\begin{array}{r} 62 \\ +28 \\ \hline 80 \end{array}$$

改正：

$$\begin{array}{r} 72 \\ -5 \\ \hline 22 \end{array}$$

改正：

6 求比一个数多或少几的数

各有多少岁？

导语

大人们总以为自己是最聪明的，他们喜欢出题考小孩子。这不，小乌龟跟妈妈刚来到姥姥家，舅妈就出题考小乌龟了，小乌龟答上来了吗？

一天，乌龟妈妈带小乌龟到姥姥家去玩，大人们在一起谈天说地，小乌龟就和比自己小很多的小表弟一起玩。

饭桌上，小乌龟问道："舅妈，表弟今年几岁了？"

舅妈笑道："听你妈妈说你的数学很棒，今天我就来考考你。"

小乌龟自信地说："考就考，我才不怕呢。"

“你表弟、我、你姥姥我们三个的年龄之和正好是90岁。我比你表弟大25岁，你姥姥又比我大25岁，你能准确地说出你表弟今年多少岁了吗？”舅妈问道。

聪明的小乌龟想了想说：“我知道了，表弟今年5岁。”

舅妈微笑着点点头，问道：“你能告诉我你是怎么求出来的吗？”

小乌龟解释道：“舅妈比表弟大25岁，姥姥比舅妈大25岁，也就是说姥姥比表弟大25＋25＝50(岁)；用90减去你们比表弟大的年龄：90－25－50＝15(岁)，这样你们的年龄就相等了；根据5＋5＋5＝15，所以表弟今年5岁。”

舅妈称赞道：“小乌龟，你可真是你妈妈的骄傲啊！”

小乌龟笑了笑，接着说：“我不仅知道表弟今年5岁，还能求出舅妈你今年5＋25＝30(岁)，姥姥今年30＋25＝55(岁)。”

数学智慧大冲浪 10

噜噜今年12岁，妈妈今年36岁。5年后，妈妈比噜噜大多少岁？

7 连加（一）
噜噜量布

导语

狐狸大婶来到噜噜家开的布店，见柜台上只有两把没有刻度的尺子，一把 30 厘米，另一把 50 厘米。于是，她便动起了歪脑筋，张嘴要 70 厘米的布，不能多也不能少，否则不付钱。狐狸大婶的阴谋能得逞吗？

小猪噜噜的妈妈开了一家布店，生意十分红火。一天，妈妈外出送布，临行前嘱咐噜噜照看店里的生意。

狐狸大婶看到噜噜一人照看布店，就想占点小便宜。她走进店里一看，发现柜台上只有两把尺子，一把是 30 厘米，另一把是 50 厘米，而且上面没有刻度。于是，她就动起了歪脑筋。

“噜噜，我要买布。”狐狸大婶对噜噜说道。

“请问您要扯多长的布？”噜噜礼貌地问道。

“给我扯 70 厘米长的布，我要做一条花裙子。”狐狸大婶指着花布说道。

噜噜一看手中的尺子为难了，心想：50＋50＝100（厘米），50＋30＝80（厘米），太长了；30＋30＝60（厘米），又太短了。这可怎么办呢？

噜噜只能对狐狸大婶说：“大婶，您付 70 厘米布的钱，我给您扯 80 厘米长的布好吗？”

狐狸大婶摇摇头说：“不行，一定要正好是 70 厘米长的布，

50
50
30

不能多也不能少。”

“这可怎么办呢？”噜噜顿时没了主意。狐狸大婶催促道：“我给你5分钟时间，请你抓紧扯布。如果5分钟内完成，我付双倍的钱；如果完不成，那我就将整匹布抱走，分文不付！”

狐狸大婶得意地看着手表一秒一秒地跳动，心想马上就可以免费得到一整匹布了。

狐狸大婶的话正好让在店里买布的小兔丽丽听到了，她上前跟噜噜嘀咕了几句，噜噜顿时开心地笑道：“大婶，您说的话可当真？”

“当然了！快点扯布，还剩3分钟了。”狐狸大婶更得意了。

噜噜拿起50厘米长的尺子量了两次，量出了100厘米长的布，并在上面做了记号；然后又拿起30厘米长的尺子在100厘米长的布当中量了30厘米。噜噜拿起剪刀飞快地裁下布，递给狐狸大婶说：“不多不少，正好70厘米。”

“你说70厘米就70厘米吗？我不信！”狐狸大婶叫道。

噜噜不慌不忙地解释道：“我用50厘米长的尺子量了两次，正好量出100厘米长的布；然后从100厘米长的布中裁去30厘米，剩下的正好是70厘米长的布。”

狐狸大婶一听傻了眼，店里的顾客都笑了，叫她赶紧付钱。狐狸大婶无奈地付了双倍的钱，拿着布灰溜溜地走了。

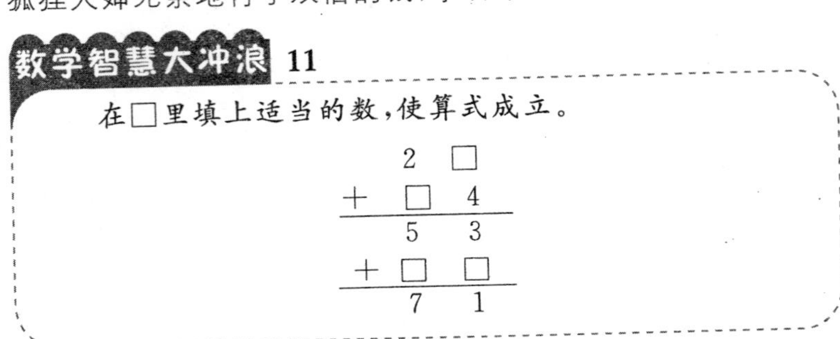

8 连加（二）
我知你心

导语

魔术＝魔数？哈哈，许多魔术里都有数学原理。这不，小猴灵灵的“我知你心”魔术里就有数学知识。小朋友们，快来跟灵灵学习数学魔术吧！

最近小动物们都迷上了变魔术，特别是小猴灵灵不知从哪学习了各种魔术，一有空就在大伙儿面前表演。

一天中午，灵灵又在黑板上写了许多数字，然后跳上讲台，盘坐在上面宣布：“各位，现在我已掌握了一门特异功能，叫‘我知你心’！”

“灵灵，本领见长呀，现在吹牛都不打草稿了！”大伙儿笑道。

灵灵急得满脸通红，叫道：“不信你们可以按我的要求试一试。”

噜噜问道：“灵灵，那你说，我现在心里想吃什么呢？”

“吃、吃、吃，你就知道吃！我这个特异功能是有要求的。”灵灵答道。

大伙儿疑惑地问道：“有什么要求？”

灵灵指着黑板上的数字表说：“你们只要在这个数字表中找一个数记在心里，然后告诉我在哪几行中有这个数，我就能知道你们心中所想的那个数是多少。”

一	1　4　10　13　16　19　22　25　28　31　34
二	2　5　8　11　14　17　20　23　26　29　32　35
三	3　4　5　12　13　14　21　22　23　30　31　32
四	6　7　8　15　16　17　24　25　26　33　34　35
五	9　10　11　12　13　14　15　16　17
六	18　19　20　21　22　23　24　25　26
七	27　28　29　30　31　32　33　34　35

“真有那么神奇?”小熊憨憨不信,说,“我想好的数在第一、三、五行中都有。”

灵灵看了一眼数字表说:“你想的数是13。”

小兔丽丽说:“我想好的数在第二、四、六行中。”

灵灵说道:“你想的数是26!”

大家都惊呆了,问道:“灵灵,你到底是怎么知道的?”

灵灵得意地说:“其实答案很简单,奥秘就在数学中。”

“别卖关子了,快点告诉我,说不定今后我也可以露一手。”噜噜请求道。

“想学吗?”灵灵故意反问道。

“说吧,什么条件? 两个冰激凌如何?”噜噜为了学会这个魔术,可是下了“血本”了。

灵灵在噜噜的耳边一阵嘀咕……

“哈哈,原来是这么回事。太简单了,我也会变魔术了!”噜噜听完后开心地大笑起来。

数学智慧大冲浪 12

我想的数在第一行和第七行都有，我想的数是多少？

我想的数在第二、三、七行都有，我想的数是多少？

……

小朋友们，快快行动起来，展示一下自己的魔术能力吧！

9 连减

狐狸的刁钻问题

导语

狐狸又欺负老实的小牛哞哞，真是太可恨了。最爱打抱不平的小猴灵灵和小兔丽丽知道了，决定帮帮哞哞，他们成功了吗？

小兔丽丽和小猴灵灵来到郊外游玩，看到小牛哞哞在田边唉声叹气。热心的丽丽走上前关心地问道："哞哞，有什么我们能帮你的吗？"哞哞叹了口气，说："今天要是不能把这些果树种完，又要给狐狸白打一个星期的工了。"

原来哞哞奶奶生病，哞哞向狐狸借了 100 元钱，并说好用打工一个星期来抵债。

灵灵挽起衣袖主动说道:"别急,我和丽丽一起帮你种树。"哞哞摇摇头说:"种树不难,可问题是必须按狐狸的要求种树。"丽丽好奇地问道:"什么要求?"

狐狸为了让哞哞给自己免费打工,提出了一个刁钻的问题,完不成就要哞哞再打工一个星期。哞哞说:"狐狸要求把 9 种果树分别种在 9 块方田中,这 9 种果树分别是 11 棵、12 棵、13 棵……18 棵、19 棵。"

灵灵说:"这也不难啊。"

哞哞接着又说:"可是狐狸还要求,这 9 块方田中,横行、竖行、斜行果树的棵数之和必须都是 45。"灵灵挠挠头:"这个是有点困难了,肯定是狐狸故意刁难你的。"

丽丽没有说话,她用树枝在地上画了 9 块方田,灵机一动想到了解决的办法:"你们瞧,这其实是九宫格填数,可以用'定中填四法'。"

哞哞两眼一亮,仿佛看到了希望,连忙问道:"什么叫'定中填四法'?"

丽丽解释道:"定中填四法,就是先把中间的数 15 填在九宫格的最中间,然后填四个角上的数,使斜行的和为 45。"

丽丽又分析道:"中间填 15,那四个角就要分别填 12、14、16、18,因为 14+15+16=45,12+15+18=45。"

灵灵看明白了,说道:"斜行解决了,那第一横行填 45−12−16=17,第三横行填 45−14−18=13。"

哞哞也明白了,开心地说:"那中间横行应该填 19 和 11 了。"

就这样,狐狸的刁钻问题被解决了,三个小伙伴顺利地栽完了树。

12	17	16
19	15	11
14	13	18

数学智慧大冲浪 13

把 3、4、5、6、…、10、11 这九个数填入下面的方格中，使每行、每列和每一斜行的三个数之和都等于 21。

4		8
	7	
6		10

三 角的初步认识

1 认识角
长的“角”与画的“角”

导语

许多小动物头上都长了“角”，可是山羊老师却让大家认识“角”。难道这两个“角”不同吗？山羊老师讲的“角”是什么呢？

山羊老师拿着课本走进教室，他先习惯性地捋了捋胡须，扶正了眼镜，然后开口说道：“同学们，今天我们学习新的内容——认识‘角’。”

小猪噜噜第一个叫道：“角还用认识吗？我早就认识了，有羊角、牛角、鹿角……”

小牛哞哞举手站起来说：“老师，我的头上刚刚长出了角。”

小鹿也站起来说：“看，我也刚长了角。”

小猴灵灵笑道：“小鹿，你那不是角，应该叫鹿茸。”

噜噜甩了甩大耳朵，说道：“唉，可惜我只长了一对大耳朵，要是也长一对角，那就太好了。”

山羊老师微笑着说：“我说的‘角’是一种图形，与大伙儿讲的‘角’不同，但也有点儿联系。”

随后，他拿起一支粉笔在黑板上画了一只“羊角”，然后转身问："谁能用最简单的线把它画下来呀？"

灵灵举手站起来说："把两条线相互支起来就可以了。"

"很好！"山羊老师转身在黑板上画了出来。

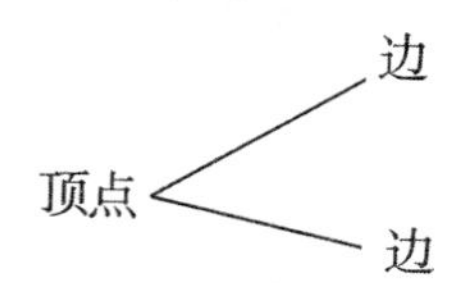

"大家看，这个图形就是'角'。"山羊老师继续说，"这个图形都有哪些特点呢？"

噜噜说："两条线相互支撑着，都有一个点。"

灵灵接着说："两条线都往不同的方向延伸，好像有头没有尾。"

"非常好！"山羊老师满意地点点头说，"从一个点引出的线，叫射线。如果从一个点引出两条射线的话，组成的图形就叫作'角'，这个点叫'角的顶点'，这两条射线叫'角的边'。"

"原来老师让我们认识的角是这个角呀，真有意思！"同学们都感叹道。

数学智慧大冲浪 14

小朋友，学习了"角的初步认识"，你知道什么是角了吗？角在哪里？让我们一起来找找吧！

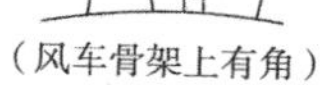

（风车骨架上有角）

（雪花图案中有角）

2 直角

森林运动会

导语

动物学校开运动会啦！在蹦蹦跳项目中，小兔丽丽和青蛙呱呱同时到达了终点，这下可让裁判为难了。谁当冠军呢？小猴灵灵想到了一个办法。

“动动手、动动脚，健康身体少不了！勤动脑、善思考，聪明脑袋真正好！”小动物们排着整齐的队伍，一边喊着口号，一边表演着动作，从主席台前走过。

森林学校的小动物们聚在一起，他们将要举行一年一度的运动会。大象伯伯迈上主席台宣布：“第一项比赛是蹦蹦跳，参赛队员有小兔丽丽和青蛙呱呱。”

说到跳跃，丽丽和呱呱都是高手，他俩谁也不服谁。丽丽对呱呱说：“跳跃我最拿手！”呱呱也不示弱，笑道：“跳跃是我的看家本领！”

“这下比赛可精彩了。”大伙儿伸长了脖子，等待比赛的开始。

大象伯伯说道：“现在我宣布比赛规则。场地上有九个小圆点，这九个小圆点可以组成四个小正方形，四个小正方形又可以组成一个大正方形。运动员们必须跳遍每个点，最后停在

中间的一个圆点上。跳得最快的获胜。”

“砰”的一声枪响，比赛开始了。丽丽按顺时针跳，呱呱按逆时针跳，大伙儿都为他俩喊加油。最后，他俩同时到达了中间的小圆点。这样一来，大象伯伯为难了：“这可怎么办？”一旁的小猴灵灵出主意道：“出个题，比智力。”

大象伯伯点点头。灵灵来出题，他想了想，说：“运动员们请听题——上面的九个圆点连上线，最多能有几个直角？”

呱呱不假思索就嚷道：“九个圆点连起来，最多可得到 4×4=16(个)直角。”

丽丽想了想，说道：“九个圆点连起来，最多可得到 40 个直角。”

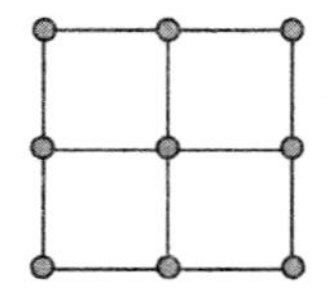
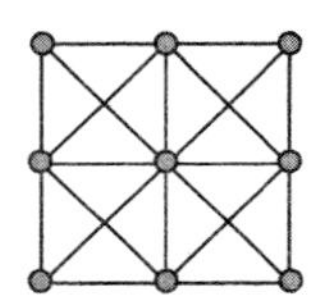

最后，大象伯伯宣布：“丽丽为本次比赛的冠军。”大家一致鼓掌，向丽丽表示祝贺。

数学智慧大冲浪 15

下面的图形是由三个小正方形组成的。数一数，整个图形中一共有(　　　)个直角。

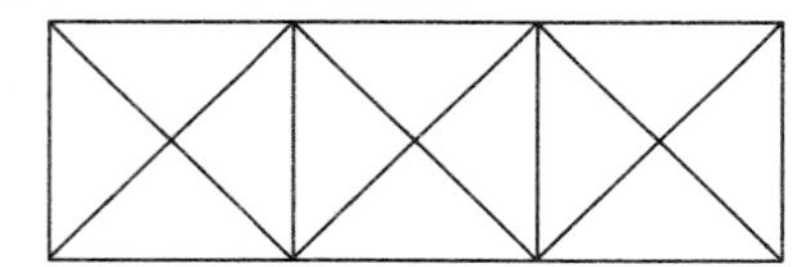

3 动手剪角
快乐的数学活动课

导语

在数学活动课上，噜噜为自己辩解道："4 个苹果，我吃掉 1 个，还剩下 3 个。所以，一张纸有 4 个角，剪掉 1 个角，还剩 3 个角。"噜噜说得对吗？如果不对，那到底还剩几个角呢？

学了"角的认识"后，山羊老师问小动物们："一张长方形的白纸共有 4 个角，如果剪去一个角，还剩几个角呢？"

噜噜不假思索地第一个抢答道："4－1＝3(个)，还剩 3 个角。这个题目太简单了。"

狐狸娇娇在数学书上比画了一下，反对道："不对，应该是 5 个角。"

"什么？剪掉一个角，怎么还会多出角来呢？你肯定错了。如果你有 4 个苹果，被我吃掉 1 个，难道还会剩下 5 个苹果吗？"噜噜又拿吃来打比方了。

这时，课堂就像炸了锅一样，大家你一言，我一语，报出了许多答案。

山羊老师不紧不慢地说："今天我们就上一堂数学活动课，比一比，看谁想的答案多。"

大家拿出白纸和剪刀，一边动手一边思考，得出了许多结论。

娇娇展示自己的成果："你们看，剪去 1 个角，还剩 5 个角。"

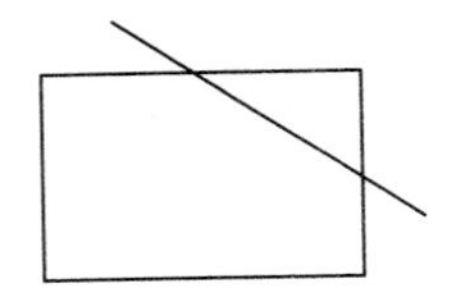

噜噜经过研究，还真的发现了剪去 1 个角，剩下 3 个角的情况：

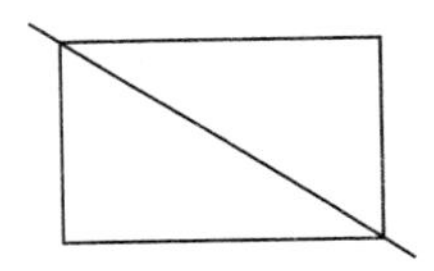

小刺猬的方法更妙，剪去 1 个角，还剩下 4 个角：

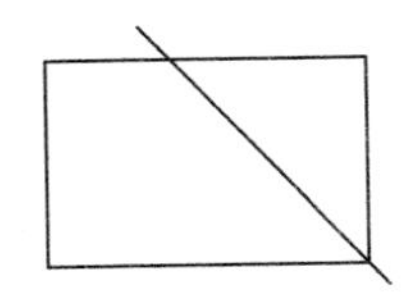

大伙儿恍然大悟道："哦，原来还可以这样思考呀！"

山羊老师总结道："对，我们在解决问题时，一定要从多个角度思考。这样，我们就会变得越来越聪明。"

数学智慧大冲浪 16

给下面的图形添加 2 条线段，使它共有 6 个直角。应该怎样加呢？

4 比角的大小
谁画的角大?

导语

嚕嚕上课没听讲,为了拿到奖品,他用家里的年画纸画了一个“大大”的角。嚕嚕画的角是最大的吗?他能得到山羊老师的奖品吗?

嚕嚕上课又打瞌睡了,山羊老师讲的内容他全没听见,只记下了老师布置的作业。

第二天,嚕嚕拿着一张大大的年画纸走进教室,大伙儿好奇地围上来问道:“嚕嚕,离过年还有好几个月,你拿年画纸干什么?”

嚕嚕把年画纸翻过来,指着上面画的角说:“这是山羊老师布置的作业呀,他让我们画一个大大的角。谁画的角大,就奖励谁一支铅笔。”

“这……这角是够大的!”大伙儿捂着嘴笑道。

嚕嚕观察了一圈,没发现哪位同学用的纸比他的更大。他心想,那别的同学画的角肯定也没有他画的大了。嚕嚕信心满满地坐下,等着山羊老师给他发奖品。

当同学们都展示出自己画的角时,嚕嚕拿着年画纸冲上讲台,得意地笑道:“老师,我画的角最大!”

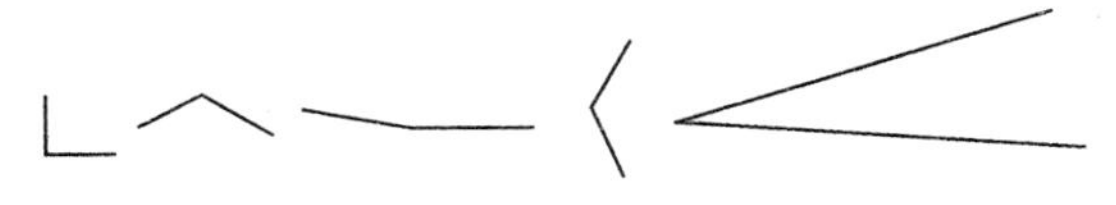

“噜噜，角的大小跟边长没有关系。”同学们都笑了。

山羊老师摇摇头，解释道：“噜噜，从形状上来讲，你画的角的边长最长，但这并不表示你画的角就最大。角的大小与它的两边叉开的大小有关，跟边长的长度没有关系。”

山羊老师指着同学们画的角又问道：“有些同学画的角一眼就能比较出大小，而有些同学画的角看上去差不多大。该如何比较谁画的角大呢？”

同学们你一言我一语讨论起来。小兔丽丽举手说道：“比较角的大小，哪个角叉开的大，哪个角就大。所以，把两个差不多大的角的顶点和其中一条边重合，再比较另一条边，哪个角的边在外面，哪个角就大。”说完，还演示了比较的方法：

噜噜这才明白，他画的角是所有同学中最小的，后悔道：“唉，为了拿奖品，我把家里的年画都撕下来了，奖没拿到，回家还得挨批评。”

山羊老师在噜噜画的角上又画了一个直角，说道：“噜噜你画的角比直角小，我们称这种角为锐角。丽丽画的角比直角大，我们称这种角为钝角。”

“我明白了，钝角＞直角＞锐角。”噜噜这下可不敢不听讲了。

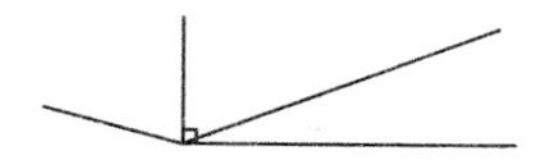

“好了，今天我再出 1 个问题，谁能答出来，我还奖励他一支铅笔。”

数学智慧大冲浪 17

山羊老师的问题是：下面的图形中有几个锐角？几个直角？几个钝角？

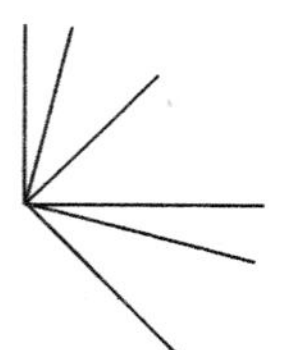

四 表内乘法(一)

1 乘法的初步认识

数学医院就医记

导语

儿童数学医院专治各种“不会数学症”，比如审题不清的毛病、计算马虎的毛病、概念不理解的毛病……总之，老师教不会的学生，一到数学医院立马就会了。这是为什么呢？——哈哈，怕打针、吃药、开刀！

“噜噜，跟你讲过多少遍了，你怎么又把乘法算成了加法？”山羊老师气得直拍桌子。

“这……这也不能全怪我呀。您原来不是教过我们，说只要看到‘一共’就用加法计算吗？”噜噜噘着嘴说道。

“唉，看来只有儿童数学医院才能治好你的毛病了。”山羊老师无奈地摇摇头。

一天中午，噜噜正在午睡，突然教室外开来一辆救护车，车上写着“儿童数学医院”几个大字。几名穿白大褂的医生从车上跳下来，一言不发，把噜噜抬上担架就走。“喂，你们是谁？我没有生病！”噜噜挣扎着要下车。医生拿起。一根针管说：“有没有病，到了医院就知道了。你要是再不配合，我就给你打针了。”

噜噜最怕打针，捂着嘴再也不敢出声了。到了医院，医生一不开药二不打针，“啪”的一声，将一张纸拍在噜噜面前。噜噜定睛一看，原来是一道数学题：小动物们植树，植了4行，每行3棵，一共植了多少棵树？

噜噜笑道：“我还以为要打针呢，原来是解题啊。求一共植了多少棵树，用加法，4＋3＝7(棵)。”

“病得不轻啊，看来要手术了！”数学医生摇摇头，做出决定。

“什么，要动手术？”噜噜吓出一身冷汗，连连说，“别急，别急，我再想想！”

噜噜拿出纸和笔画了起来，边画边说：“一行3棵，一共4行，也就是有4个3，可以用3＋3＋3＋3＝12(棵)，也可以用3×4＝12(棵)。”

数学医生点点头，又拿出一张纸，上面写着：小动物们植树，第一行植了4棵，第二行植了3棵，一共植了多少棵树？

噜噜再也不敢马虎了，他画了图，明白这道题可以直接用加法计算：3＋4＝7(棵)。

“我明白了，求‘一共多少’，并不一定用加法计算。如果求多个相同的数相加，还可以用乘法计算。”

数学医生又测试了几次，发现噜噜改掉了毛病，笑道：“这个小朋友的病好了，现在可以出院了。”

数学智慧大冲浪 18

噜噜家的电话号码是一个七位数，前三个数字相同，和是15；后四个数字也相同，和是12。噜噜家的电话号码是(　　　　　　)。

5的乘法口诀(一)

2 完不成的任务?

导语

犯了错就要受到惩罚。小猪噜噜和小熊憨憨偷吃校园里没成熟的果子,被罚了,听说还是一项看似无法完成的任务。这是怎么回事呢?

“据可靠消息,山羊老师正在罚噜噜和憨憨植树呢!”有“大喇叭”之称的大嘴巴河马胖胖又在教室里广播着他刚得知的消息。

小猴灵灵从教室的电风扇上跳了下来,问道:“真的假的?我得去看看这两个倒霉蛋。”

“千真万确!听说如果完不成任务,他们今天就没有午饭吃。”胖胖拍着胸脯说道。

心地善良的小兔丽丽问道:“为什么受罚呢?”

“他俩偷吃校园里还没成熟的果子,被山羊老师当场抓住了。可怜的噜噜认错时嗓子都哭哑了,也没得到山羊老师的原谅。”胖胖总喜欢添油加醋。

灵灵和丽丽来到种植园,见噜噜和憨憨正拿着小树苗唉声叹气。

丽丽问道:“为什么还不动手植树?”

“10 棵树苗,可山羊老师让我们种成 5 行,每行 4 棵。这可怎么种呢?”噜噜说道。

“5×4=20，可只有10棵树苗。这任务完不成，哈哈，你俩的午饭我帮你们吃了！”灵灵总爱幸灾乐祸。

“不试试怎么就知道完不成任务呢？”丽丽找了10块小石子，在地上摆弄起来

“瞧，我摆出来了！”丽丽用10块小石子摆了一个五角星的形状，“正好是5行，每行4棵。”

“太棒了！”噜噜和憨憨惊叹道。

“你是怎么想到这个办法的？”噜噜疑惑地问道。

丽丽解释道：“要种5行，每行4棵树，按理需要20棵。现在只有10棵树，所以，必须保证每棵树都被计算两次。”

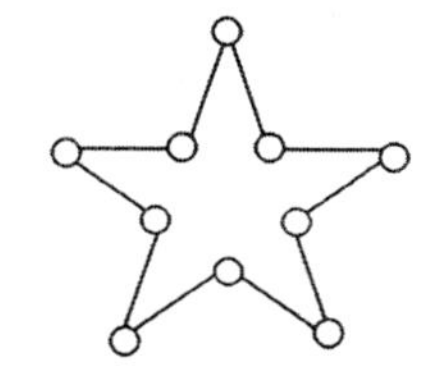

数学智慧大冲浪 19

噜噜和憨憨虽然完成了任务，可山羊老师知道是丽丽教他们的，所以又布置了一个任务：把12棵树栽成4行，每行4棵。该如何栽种呢？

3 5的乘法口诀(二)
蚂蚁兄弟比赛

导语

蚂蚁兄弟丁丁和当当为了一粒芝麻争吵起来。兄弟俩请来蜜蜂甜甜当裁判，决定来一场公平的比赛，谁赢了芝麻就归谁。

“是我先看到的!”“不对，是我先看到的!”

蜜蜂甜甜听到争吵声，飞过去一看，原来是蚂蚁兄弟丁丁和当当正为了一粒芝麻在争吵。

甜甜说:“你们别吵了，既然只有一粒芝麻，不如进行一场公平的比赛，谁赢了芝麻就归谁。”

“瞧，这里有一棵高3米的大树，谁爬到树顶用的时间少，谁就获胜。”甜甜指着不远处的一棵大树说道。

“比就比，我先来!”当蚂蚁丁丁喘着粗气爬到树顶时，甜甜高兴地告诉他:“今天你爬得真快，只用了14分钟。”

“轮到我了。”蚂蚁当当爬起来似乎更吃力一些，他每往上爬1米要用3分钟，然后就得停下来休息2分钟后才能继续往上爬。当蚂蚁当当还在往上爬时，蚂蚁丁丁却高兴地叫了起来:“我赢了，我赢了！我只用了14分钟，当当却要用15分钟才能爬到树顶。”

甜甜问道:“当当还没爬完呢，你怎么知道他要用15分钟呢?”

丁丁笑道："平时看你还挺聪明的，这个问题怎么想不明白呢？当当每爬1米要3分钟，还得休息2分钟，就是说当当往上爬1米要用5分钟，所以一共要5×3＝15(分钟)。"

"别高兴得太早了，过一会儿你就知道谁赢了。"

正说着，当当爬到了树顶，丁丁一看时间，才用了13分钟。丁丁不解地说："这不可能，明明应该是15分钟。"

甜甜笑道："丁丁，你算错了。当当爬第一个1米时用3＋2＝5(分钟)，爬第二个1米时也用3＋2＝5(分钟)，可爬最后一个1米时，只需要3分钟就能爬到树顶了，后面休息的时间就不算了。"

数学智慧大冲浪 20

小蚂蚁掉到了一个深10米的井里。它白天爬4米，晚上休息时又会滑下3米。它需要多少天才能爬出来呢？

4 2、3、4的乘法口诀

上楼时间

导语

抬着大彩电上楼真是太累了，上一层楼就要2分钟。灵灵家住在四楼，把彩电抬到家共需要多少分钟呢？噜噜用4×2算出需要8分钟，对吗？

一天放学后，小猴灵灵把小猪噜噜和小熊憨憨叫住，得意地说："今天我家买了大彩电，放学后到我家去看电视吧。"

小猪噜噜羡慕极了："看电视，如果再配上爆米花就更棒了！""行，我让妈妈再给你们准备点水果。"灵灵这一次可是大方极了。

三个小伙伴来到灵灵住的小区楼下，正好看到送货的人开车把彩电送到了。三个小伙伴一起帮忙把电视机从汽车上搬了下来，一会工夫就累得气喘吁吁了。"不行，我得休息一下。"噜噜一屁股坐到了地上。

憨憨问道："灵灵，你家住几楼呀？"

"我家在四楼。"灵灵说道。

噜噜一边算一边说："我估计抬着大彩电上楼，上一层楼大约需要 2 分钟，搬到四楼就需要 4 个 2 分钟，也就是 $4\times2=8$(分钟)。"

"噜噜，你再想想，是 8 分钟吗？"灵灵提醒道。

"没错呀，4 个 2 相加不是 8 难道是 9 吗？"噜噜反问道。

憨憨笑道："噜噜，你错了，只需要 3 个 2 分钟就够了，用 $3\times2=6$(分钟)。"

"怎么是 3 个 2 分钟呢？"噜噜挠挠头，不明白其中的道理。

灵灵只好在地上画了一幅图来解释：

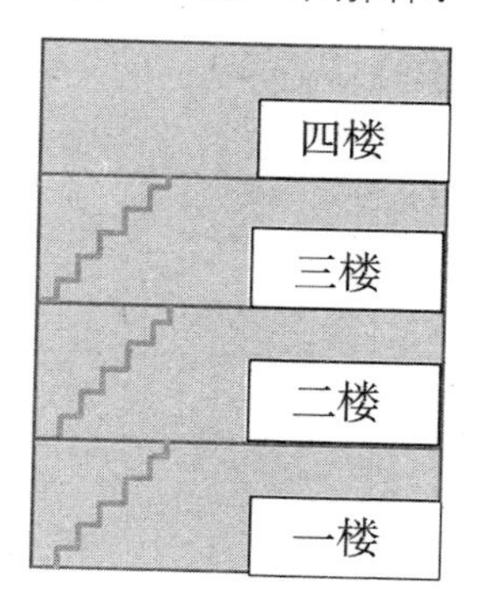

“你看,从一楼到四楼要爬几个楼层?”灵灵指着图问道。

“哦,我明白了,每两层楼之间有一段楼梯,从一楼到四楼只要爬 3 段楼梯。”噜噜恍然大悟。

“现在我们就开始搬吧,我还想早点吃上爆米花和水果呢。”噜噜挽了挽衣袖。

憨憨笑道:“噜噜,你是来看电视的还是来吃东西的?”

数学智慧大冲浪 21

噜噜帮爸爸锯木头,锯 1 段要 3 分钟。把一根木头锯成 4 段,共需要多少分钟呢?

5 乘加、乘减(一)

巧种树

导语

一次小小的植树任务把小猪噜噜给难住了。在小兔丽丽的帮助下,噜噜不仅顺利完成了任务,还发现了一条重要的数学规律。

噜噜的妈妈买回来 9 棵树苗,她把栽树的任务交给了噜噜,并嘱咐道:“你把这些树苗栽成 3 行,每行都要有 4 棵。你好好想一想应该怎样栽。”

噜噜想也没想,拍着胸脯说:“保证完成任务!”

当噜噜带着树苗来到田地后,却发现无论怎样栽都不能完成任务。噜噜急坏了，自言自语道："栽3行树苗，每行都要有4棵，一共需要3×4＝12(棵)。妈妈是不是算错了?"

这时，小兔丽丽拔完萝卜，挎着篮子从噜噜家的田地经过，噜噜连忙上前请教道："丽丽，妈妈让我用9棵树苗，栽成3行，每行4棵，你能帮我想想办法吗?"

丽丽想了想说："这容易，只要栽成一个三角形就可以了。"说完她用萝卜摆了一个三角形：

"还有其他的办法吗?"噜噜问道。

"其他的办法? 嗯……有了!"说完，丽丽又用9个萝卜摆出了一个大写的字母"A"：

噜噜忽然间想明白了，开心地叫道："我也想到了一种栽法，可以栽成一个'大'字形!"说完，他也拿了9个萝卜，摆出了一个汉字"大"：

丽丽又想到了一种栽法，她用9个萝卜摆出了一个“又”字：

两个小伙伴把树苗栽好以后，两人又一起研究起来。他们发现，9棵树苗要栽成3行、每行4棵的话，有一个共同的特点，就是$3\times4-3=9$，也就是说必须有3棵树苗要栽种在两行的相交点上。

数学智慧大冲浪 22

有10棵树，如果栽成3行，每行4棵，该如何栽种呢？

6 乘加、乘减(二)

噜噜请客

导语

大嘴巴河马胖胖又传播小道消息了：“噜噜要请客啦！”大伙儿听后都十分惊讶，因为噜噜历来是饿着肚子去别人家的，从没听说他请过客。

“你说什么？噜噜要请客？我不会听错了吧？”当大嘴巴河马胖胖对小猴灵灵说噜噜要请客时，灵灵掏了掏耳朵，不相信这是真的。

“噜噜从来都是饿着肚子去吃人家的，从不请客，这一次竟然要请客，真是千年等一回啊。”灵灵笑道。

小动物们如约来到噜噜家，噜噜准备了水果和包子招待大家。他首先端出来3盘水蜜桃，红通通的十分馋人。灵灵刚想拿一个尝尝，噜噜却说：“别急，平时都是你们考我，现在我也考考你们。灵灵，你数一数，一共有多少个桃子？”

“每个盘子里有5个桃子，3个盘子一共有5＋5＋5＝15(个)。还可以用乘法计算，5×3＝15(个)。”灵灵迫不及待地说道。

桃子很快吃完了，噜噜又端出了5盘大苹果。不等噜噜发问，灵灵主动说道：“每盘3个苹果，一共5盘，用乘法计算是3×5＝15(个)。”

小熊憨憨说道：“5×3和3×5都是15。”

丽丽提醒大家道：“看仔细了，最后一盘不是3个，而是4个。”

灵灵挠挠头，不好意思地说：“怪我没看清，应该是3＋3＋3＋3＋4＝16(个)。”

噜噜故意刁难道：“不能用加法，必须用乘法计算。”

灵灵一拍脑袋，笑道：“有了，前4盘一样多，再加上最后一盘，所以可以用3×4＋4＝16(个)。”

噜噜：“不行，算式里还是有加法。”

灵灵挠挠头，不知该怎么办了。

丽丽站出来说道：“我有办法。把最后一盘的4个苹果分到前面的 4 个盘子里，每盘分一个，这样每盘就有 4 个苹果了，一共 4 盘，用 4×4＝16(个)。”

“还是丽丽最棒！”大伙儿齐声称赞道。

数学智慧大冲浪 23

用 1、4、8 三个数，通过乘加或乘减算出 24；

用 2、6、6 三个数，通过乘加或乘减算出 24。

7 6的乘法口诀 聪明的小孔雀

导语

狐狸想花很少的钱让孔雀妈妈帮他设计衣服，而且要保证 30 天穿戴不同。这明摆着想要占便宜。小孔雀想到了一个办法，让狐狸哑口无言。

“噼里啪啦……”鞭炮声中，孔雀妈妈的裁缝店开张了。孔雀妈妈做的衣服非常漂亮，森林居民们送来了一块匾——“巧夺天工”。

一天，狐狸走进裁缝店，东张西望，孔雀妈妈热情地迎上去问道：“狐狸先生，你要做衣服吗？”

狐狸阴阳怪气地说：“我的衣服，你可能做不出来啊！”

孔雀妈妈对自己的裁剪技术非常有信心，自信地说："只要你说出想要的款式，我就能给你做出来。"

"一言为定！做不出来，我就砸了你的牌子！"为了让店里的其他顾客都听到，狐狸特意提高了嗓门，"这个月我要去30个城市表演，而且每次表演的穿戴必须不同。"说完，他掏出一点钱扔在桌子上，就扬长而去。

"这么一点儿钱，做10套衣服都不够，这不是明摆着要占便宜吗？"大伙儿气愤地说道。

孔雀妈妈十分为难：不做吧，狐狸肯定要来砸自己的牌子；做吧，那就要亏很多钱。这可怎么办呢？

小孔雀知道此事后，在妈妈耳边嘀咕了几句，孔雀妈妈顿时就开心地笑了。

当狐狸来取衣服时，孔雀妈妈拿出了3顶帽子、5件上衣、2条裤子递给狐狸，说："你的衣服做好了。"

狐狸气急败坏地嚷道："我要的是30天每天都有不同的穿戴，你怎么就做了这么几件衣服？"

小孔雀画了一张图，向狐狸解释说："3顶帽子和2条裤子有$2\times3=6$(种)不同的搭配方法，再配上5件不同的上衣，正好有$6\times5=30$(种)不同的搭配方法。保证你30天，每天的穿戴都不一样。"

狐狸的脸一阵红一阵白，吃了哑巴亏，拿起衣服灰溜溜地走了。

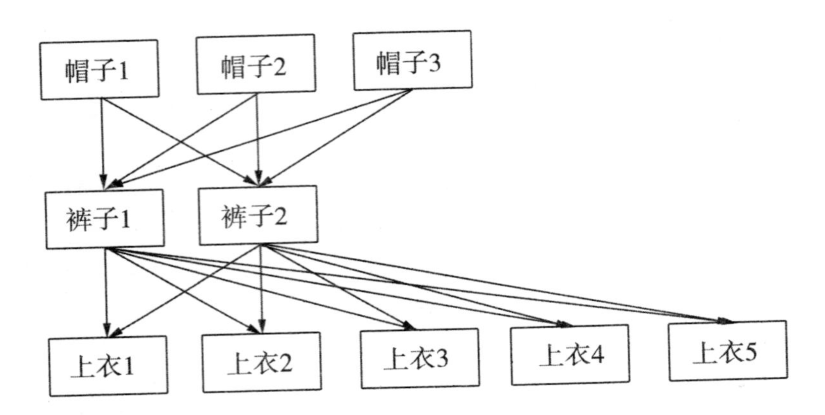

数学智慧大冲浪 24

噜噜不爱吃蔬菜，只爱吃肉。妈妈为了让噜噜营养均衡，规定噜噜每顿饭只能吃一荤一素一汤。在妈妈准备的菜谱上，共有 3 种蔬菜、2 种荤菜、6 种汤，妈妈有多少种不同的搭配方法呢？

五 观察物体(一)

1 观察物体
谁捡到了钱包?

导语

做好事不留名,四只小动物中有一只捡到了山羊老师的钱包,是谁捡到的呢?山羊老师想到了一个办法,很快就找出了这位拾金不昧的好学生。

森林学校的老师们不仅为小动物们开设了各种文化课程,还有针对性地为他们开设了各种技能课程,有游泳、跳远、飞翔、攀爬、跳高等。在学校的操场上,山羊老师特意用正方体石块垒起了一座假山(如图),供小动物们攀爬。

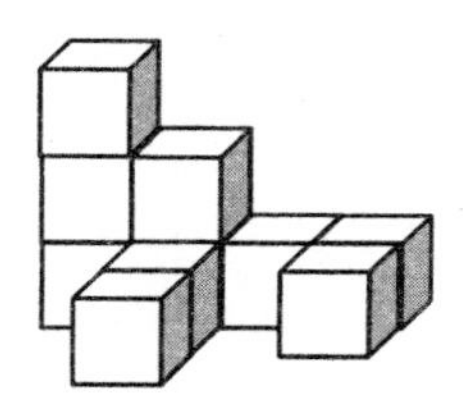

一天早晨,山羊老师打扫完校园卫生后,正在办公室里喝茶,小猴灵灵、小兔丽丽、小松鼠绒绒、小鸡格格四位同学来到办公室,齐声叫道:“报告老师,我们有事找您!”

山羊老师摸着胡须，慈祥地问道："什么事情？"

灵灵拿出一个钱包说："刚才我们在假山旁边玩，捡到了一个钱包。"

山羊老师一看，正好是他自己的钱包，心想肯定是刚才在假山后面扫地，掏手绢擦汗时不小心弄丢的。

山羊老师微笑着问道："是谁捡到的？我要表扬他。"

四个小伙伴好似约定好了，都摇了摇头。

山羊老师见状，思考了一会儿，拿出四张白纸，说："你们一定还记得自己当时在假山的哪个位置玩，现在把你们当时所看到的假山形状画出来吧。"

四个小伙伴一会儿就画好了：

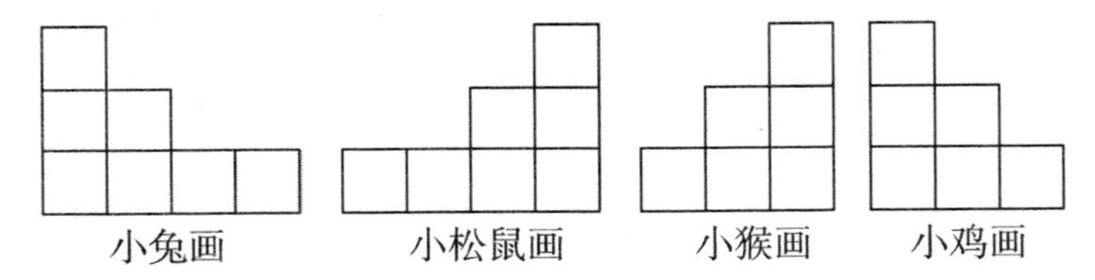

山羊老师看完图后，乐呵呵地对小松鼠说："绒绒，是你捡到的吧？"

绒绒见山羊老师看完图后便知道是他捡到的，疑惑地问："山羊老师，你是怎么知道的呢？"

山羊老师又摸了摸胡须说："是你们画的图告的密啊！"

数学智慧大冲浪 25

连一连。

从正面看

从侧面看

从背面看

六 表内乘法(二)

1 7的乘法口诀(一)

谁挖的地瓜多?

导语

噜噜为了能吃上香喷喷的烤地瓜,叫了小猴灵灵、小狗旺旺和小熊憨憨到牛爷爷的地瓜地里帮忙挖地瓜。四个小家伙谁挖的地瓜最多呢?

放学了,噜噜刚走出校门,就闻到了烤地瓜的味道,好香啊!

噜噜挤进人群,原来是牛爷爷正在卖烤地瓜。看着外焦里嫩的烤地瓜,噜噜直咽口水:"牛爷爷,给我来个地瓜!"

"对不起,今天的地瓜全卖完了,等明天吧。"牛爷爷抱歉地说道。

"牛爷爷,你为什么不多准备一些地瓜呢?"噜噜失落地问道。

"唉,年纪大了。地里的地瓜虽然丰收了,可我一个人没有力气挖更多的地瓜;再不挖,估计都要烂在地里了。"牛爷爷无奈地答道。

"这么好的东西,怎么能让它们烂在地里呢?牛爷爷,明天我找同学们帮你挖地瓜。"噜噜决定帮帮牛爷爷。

第二天，噜噜带着小猴灵灵、小狗旺旺、小熊憨憨来到牛爷爷的地瓜地里。

噜噜对着大伙儿说："瞧好了！"说完，他用长鼻子在松软的土上一拱，一个地瓜破土而出。

憨憨不服气，他使劲地拉着地瓜藤，一个个地瓜被拉出了土。

灵灵小心翼翼地用锄头把土扒开，一个个地瓜也露出了头。

牛爷爷看着这些可爱的小家伙们一个个忙得满头大汗，心疼地说："不急，先休息休息，我给大家烤地瓜吃。"

四个小家伙提着放满地瓜的筐子来到牛爷爷身边，牛爷爷一边给大家烤地瓜，一边乐呵呵地问道："你们来数一数，看谁挖的地瓜最多。"

灵灵 4 个 4 个地数，一共数了 7 次，正好数完。

憨憨 5 个 5 个地数，数到第 6 次时差 1 个。

旺旺 6 个 6 个地数，数到第 4 次时还余下 3 个。

噜噜 7 个 7 个地数，数到第 4 次时还余下 2 个。

"谁挖的地瓜最多呢？"四个小伙伴争论起来。

牛爷爷笑道："你们挖的都不少，我来帮你们算一算。"说完，牛爷爷列出了四个算式：

灵灵：$4\times7=28$(个)

憨憨：$5\times6-1=29$(个)

旺旺：$6\times4+3=27$(个)

噜噜：$7\times4+2=30$(个)

"噜噜，这次你挖的最多。"牛爷爷夸奖道。

"地瓜熟了，快来吃地瓜吧！"牛爷爷把香喷喷的地瓜递给四个热心的小动物。

数学智慧大冲浪 26

在下面每道算式的(　　)里填上相同的数，使算式成立。

1. 6×(　　)=1(　　)

2. 3×(　　)=1(　　)

3. 6×(　　)=2(　　)

4. 5×(　　)=2(　　)

2 7的乘法口诀(二)

小鸡盖屋

导语

小鸡格格要盖新房子啦，小动物们都来帮忙。噜噜搬木头时摔了一跤，却让聪明的小猴灵灵想到了一个运木头的好办法。

小鸡格格要盖新房子啦，她找好朋友小猴灵灵、小猪噜噜和小熊憨憨来帮忙。憨憨一看地上的木头，皱着眉头说："这么多木头，又大又重，怎么搬得动呢？"噜噜二话不说，挽起袖子边搬边说："看我的！"

"一、二、三"，噜噜搬起木头刚走出 3 步，笨重的木头压得噜噜直喘气。"哎哟！"噜噜脚底一滑，摔了个嘴啃泥，木头也掉下来滚出去好远。

灵灵力气最小，但看到滚动的木头后，他开心地叫道："我有办法了！"说完，灵灵滚动着木头，一点也不费力气就滚出去好远。

于是大伙儿学着灵灵的办法，轻轻松松就把木头都搬完了。

格格感激地说："今天真是太谢谢大家了，要不是你们帮忙，我的新家都盖不起来了。特别要谢谢灵灵，你的点子让大伙儿都省了不少事。"

噜噜看着一堆木头，问道："格格，我们一共运了多少根木头？"

格格笑着说："这个数嘛，十位和个位上的数加起来是 8，个位上的数乘 3 等于十位上的数，百位上的数乘 2 等于个位上的数。"

噜噜想了想说："我知道了，一共运了 162 根。"

数学智慧大冲浪 27

有一个三位数，个位上是 2，个位上的数乘 4 等于百位上的数；如果把三个数位上的数相加，和是 13。这个数是（　　　　）。

3 7的乘法口诀(三)

单数双数

导语

狐狸姣姣吃着进口的花生，馋得小猴灵灵直流口水，可是小气的姣姣不愿与大家分享美食。灵灵想到了一个妙招，成功地把姣姣的进口花生赢了过来，让全班同学都尝了鲜。

一天中午，狐狸姣姣美滋滋地吃着妈妈从国外带回来的“妙味花生”，馋得小猴灵灵直流口水。

“姣姣，这外国花生味道如何?”灵灵两眼直直地盯着姣姣手里的花生，问道。

“美！妙！好吃!”姣姣故意咂着嘴。

“能给我一粒尝尝吗?”灵灵请求道。

姣姣抱紧花生袋，脑袋一扭装作什么也没听到，气得灵灵直咬牙，心里暗暗说：“小气鬼，喝凉水。”

突然，灵灵眼珠一转，想到了一个办法。他拿出刚买的最新款自动笔宣布道：“不论是谁，只要他一只手里拿的物品的数量是单数，另一只手里拿的物品的数量是双数，我都能猜出他哪只手拿的是单数，哪只手拿的是双数。”

“真的假的？可别把天给吹破了。”大伙儿笑道。

“我要是猜错了，这支最新款的自动笔就归他!”灵灵得意地晃了晃手中的笔。

“啊，这支自动笔可是‘限量版’的！”大伙儿都围了上来，都希望自己成为这支笔的新主人。

姣姣也想得到这支笔，她从花生袋里拿了两把花生，得意地问道：“牛皮大王，请告诉我，我哪只手里的花生是单数，哪只手是双数？”

灵灵见姣姣“上钩”了，故意说道：“要是我猜对了，怎么办？”

“猜对了，这包花生就归你！”姣姣一咬牙就赌上了自己的一包花生。

“哈哈，自动笔对花生米！”大伙儿更来劲了。

灵灵看着姣姣攥得紧紧的拳头，说道：“请将你左手握的数扩大到原来的 3 倍，然后把右手握的数扩大到原来的 2 倍，最后将和告诉我。”

姣姣默默地算了一下，说：“和是 49。”

灵灵装模作样地掐指算了算，胸有成竹地说道：“你右手握的是双数，左手握的是单数。”

姣姣摊开双手一看，果然，右手 8 粒是双数，左手 11 粒是单数。

姣姣惊呆了：“这……这怎么可能！”

灵灵得意地拿过姣姣的“妙味花生”，宣布道：“同学们，都来尝尝这外国的花生，今天我请客！”

数学智慧大冲浪 28

小朋友，你知道灵灵是怎么猜出来的吗？

4 8的乘法口诀
哞哞种树

导语

狐狸大婶买了9棵树，却让小牛哞哞帮他种8行，而且每行要有3棵。这不是难为人吗？不过，这事可难不住小猴灵灵。灵灵是如何解决这个问题的呢？

春天到了，小牛哞哞在山坡上种果树，狐狸大婶正好经过，问道："哞哞，你在忙什么呢？"

"种树呀，这种樱桃树苗是我新培育出来的，结出的果子又大又甜，比一般的樱桃好吃多了。"哞哞自豪地介绍道。

"这种新的樱桃叫什么名字？"狐狸大婶好奇地问道。

哞哞说道："叫车厘子，它的价钱可是一般樱桃的3到4倍呢。"

狐狸大婶一听，馋得直流口水。她眼珠一转，歪点子来了，说道："哞哞，你也帮我种几棵吧，价格由你定。"

"好，一棵樱桃树算4元钱吧。"哞哞没有抬高价格。

哞哞种完自家的樱桃园后，带着樱桃树苗来到了狐狸大婶家，问道："你打算怎么种呢？"

狐狸大婶说道："就给我种9棵吧，不过要种8行，每行3棵。"

哞哞一听愣住了，看着狐狸大婶一脸的坏笑，为难道："这怎么种呢？每行3棵，种8行，需要3×8=24(棵)，9棵怎么够呢？”

狐狸大婶可不管够不够，说道：“怎么种是你的事，种对了，我付双倍的价钱；种不对，你一分钱也别想要。”说完就走了。

哞哞正在犯难时，正好灵灵经过。哞哞把事情的经过跟灵灵一说，灵灵想了想后说：“我有办法！”说完画了一幅图：

○ ○ ○

○ ○ ○

○ ○ ○

哞哞按灵灵的办法种完树，叫来狐狸大婶结账。

狐狸大婶一看，问道：“我让你种8行，哪来的8行呢？”

灵灵不慌不忙地说：“你看，横着数3行，竖着数也是3行，斜着数2行，加起来正好8行。”

哞哞接着说：“对了，请付钱吧。一共9棵树，每棵树付双倍的价钱也就是8元，一共9×8=72(元)。”

狐狸乖乖地掏了72元给哞哞，真是偷鸡不成蚀把米。

数学智慧大冲浪 29

山羊老师带着50名学生到公园游玩。他们乘坐观光游览车，每辆车坐8人，包6辆车够不够？

5 9的乘法口诀(一)

神算狐狸

导语

一向学习不算好的狐狸姣姣竟然敢挑战小猴灵灵,没想到的是狐狸赢了,更没想到的是狐狸又向小兔丽丽发起了挑战。这到底是怎么回事呢?

一天,狐狸姣姣头上扎着一条写着“神算”二字的白头巾,神气活现地走进教室。小猴灵灵嘲讽道:“姣姣,啥时候成‘神算’了?”姣姣白了灵灵一眼,说:“不信?咱们可以比试一下。”

姣姣平时的数学成绩可比灵灵差多了,这一次竟敢主动提出来和灵灵比试,大伙儿一下子都围了上来。姣姣更得意了,笑道:“敢不敢跟我比?谁输谁请客!”

灵灵不服输,爽快地答道:“比就比!”

姣姣拿出两份一样的口算题:

84－48＝　　63－36＝　　54－45＝　　92－29＝

71－17＝　　62－26＝　　95－59＝　　81－18＝

73－37＝　　61－16＝　　53－35＝　　72－27＝

小猪噜噜挤上前,毛遂自荐道:“我做裁判,请客时得带上我。”小熊憨憨笑道:“噜噜,你不傻呀,你这叫‘输赢通吃’,哈哈……”

灵灵信心满满地拿出笔列竖式计算,当他算到第5题时,姣姣便算完了，笑道："哈哈，我算完了，灵灵你请客！"灵灵真不敢相信，他把姣姣计算的结果都检查了一遍，发现全都对了："这……这不可能！"

这时，姣姣更得意了，竟然向班长小兔丽丽也发起了挑战，"班长，我让你先算两道题，敢不敢比？"

灵灵提醒道："别上当，其中肯定有诈。"

丽丽找到山羊老师寻找原因。山羊老师看了姣姣出的题目后问道："丽丽，你看看这些算式有什么特点？答案是不是有规律呢？"一边说一边写了几个得数。

84－48＝36　　63－36＝27　　54－45＝9

92－29＝63　　71－17＝54　　62－26＝36

丽丽恍然大悟道："我知道了，被减数和减数的数字正好调换了位置。被减数十位上的数比个位上的数大几，那最后的差就是几个 9。"

数学智慧大冲浪 30

1 分钟，你能算完吗？

42－24＝　　74－47＝　　86－68＝　　81－18＝

95－59＝　　72－27＝　　98－89＝　　84－48＝

62－26＝　　75－57＝　　53－35＝　　64－46＝

6 9的乘法口诀(二)
多少只天鹅

导语

天鹅表演队要来动物学校表演了，噜噜主动帮忙准备午餐。在问天鹅队长要准备多少份午餐时，天鹅队长却考起了噜噜……

“好消息，今天我们动物学校请来了天鹅表演队，他们要给我们表演空中芭蕾。”大嘴巴河马胖胖又开始小广播了。

“是吗？我最喜欢跳芭蕾舞了。”小兔丽丽说道。

“山羊老师叫你去给天鹅表演队准备午餐呢。”胖胖传达完通知，又出去打探小道消息了。

“丽丽，我陪你去，有什么力气活，我包了。”噜噜主动提出来帮忙。

操场上，天鹅表演队正好训练结束，丽丽找到他们的队长，问道：“队长，你们这一次来了多少只天鹅呢？”

天鹅队长见来了两个小动物，笑道：“要想知道来了多少只天鹅，你们需要自己动脑筋。我们这次排练的队形是一个‘十’字形，从前往后数我排在第九个，从后往前数我还是排第九个；从左往右数、从右往左数，我还是排第九个。你们算一算，我们一共来了多少只天鹅呢？”

噜噜：“我知道，我知道，这里一共有 4 个 9，用乘法计算，$4\times9=36$(只)，所以你们一共来了 36 只天鹅。”

“不对，应该是来了 33 只天鹅。”丽丽反驳道。

“怎么是 33 只呢？”噜噜不解地问道。

丽丽画了一幅图，解释道：“这种情况用画图的方法来帮助理解，最好懂了。”

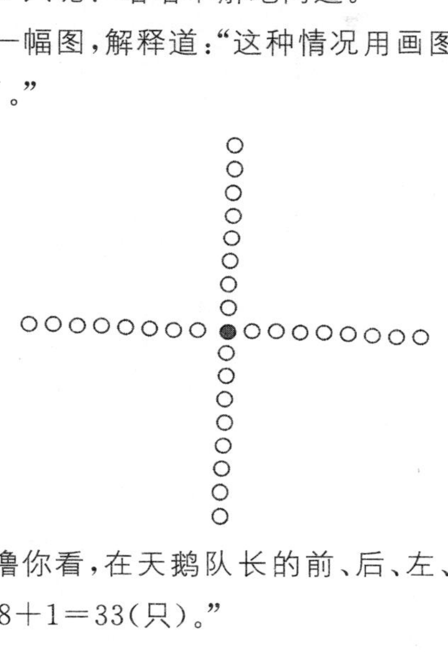

丽丽：“噜噜你看，在天鹅队长的前、后、左、右各有 8 只天鹅，所以用 $4\times8+1=33$(只)。”

噜噜：“哦，我明白了。在计算的时候，我把天鹅队长多算了 3 次，所以还可以用 $4\times9-3=33$(只)。”

丽丽：“队长，你稍等，我们现在就去给你们准备可口的点心。祝你们今天的表演成功！”

数学智慧大冲浪 31

一次队形排练时，噜噜发现自己排在“米”字形队伍的正中央，而且不管从哪个方向数，噜噜都是第 9 个。这个队形中一共有多少只小动物？

7 9的乘法口诀(三) 数学狼的机关

导语

有一只爱学数学的大灰狼，把抓来的小动物都关在装有数学机关的铁笼里。机智的金丝猴不仅救出了被抓的小动物，还修改了机关，困住了这头大灰狼。

“不好了，出事啦！数学狼抓小动物啦！”乌鸦在森林里边飞边叫着。

森林居民们召开紧急会议，商讨如何救出被抓的小动物。小熊憨憨拍着胸脯说：“我的力气大，我去救！”小兔丽丽反对道：“关押小动物的笼子是钢铁做的，根本砸不开，除非能破解上面的数学机关。”

大伙儿一听说要破解数学机关，顿时泄了气，不知该怎么办。丽丽建议道：“我们必须找一位机智勇敢，而且懂数学的动物去才行。”

山羊老师想了想说：“我的邻居金丝猴原来在杂技团学过数学，而且身手敏捷，我们请他来帮忙吧。”

大伙儿来到金丝猴家，发现金丝猴正在专心研究数学问题。山羊老师恳切地说道：“金丝猴，数学狼抓走了我们很多同伴，你帮我们把他们救出来吧！”金丝猴放下书，对大伙儿说：“我一定尽全力打败数学狼，救出被关押的同伴们。”

金丝猴趁数学狼外出的机会，悄悄来到关押小动物的铁笼前，发现铁笼上有两幅图：

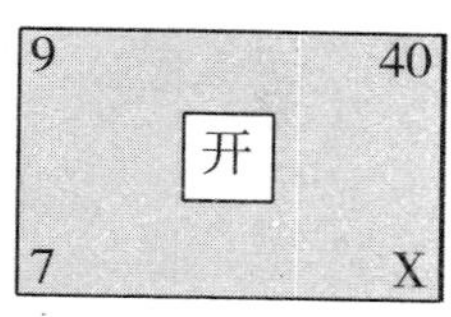

金丝猴对笼中的小动物说："伙伴们，我来救你们啦！你们知道数学狼是如何打开铁笼的吗？"

笼中的熊猫说："数学狼每次都按几下'X'按钮，然后再按'开'，铁笼就打开了。"

金丝猴看着两幅图，认真地思考起来。不一会儿，他连续按了 7 次"X"按钮，又按了一下"开"，铁笼果真打开了，小动物们都获救了。

熊猫问道："金丝猴，你怎么知道要按 7 次'X'按钮呢？"

金丝猴解释道："由第一幅图可以知道，$7+11=18$，$9\times2=18$；那么第二幅图中，$9+40=49$，由于 $7\times7=49$，所以 X 等于 7，即要按 7 次'X'按钮。"

金丝猴护送小动物们安全回家后，又来到数学狼的住所，偷偷地把铁笼上的数学机关改了。数学狼外出回来后发现小动物们不见了，他连忙钻进铁笼寻找原因。这时，金丝猴趁机关上铁笼，笑道："数学狼，这下轮到你尝尝被关的滋味了！"

数学智慧大冲浪 32

小朋友，读了这个故事，你能破解下面的密码吗？

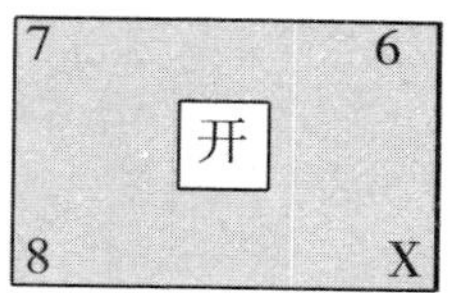

七 认识时间

1 认识时间

狡猾的黄鼠狼

导语

黄鼠狼开游艇公司,不仅没有证照,还欺诈游客。噜噜是第一个受害者,也是最后一个,这是为什么呢?

在森林里一个风景优美的湖畔,黄鼠狼开了一个游艇公司,出租游艇。

傍晚,森林里的许多小动物来到湖边散步,黄鼠狼大声地吆喝着:"各位乡亲,今天是本公司开业的第一天,租船有优惠啦!"

小猪噜噜走上前问道:"租船是怎么收费的?"

黄鼠狼笑道:"您是本公司的第一位客人,原来租 1 小时要 5 元,现在多租给您 10 分钟,也就是 1 小时 10 分钟才收您 5 元。"

噜噜被黄鼠狼说得动心了,租了一只小船。黄鼠狼嘱咐道:"小猪,你看好了,现在是 7 时 30 分,可不要超时;如果超时,就要按两倍的价格收费了。"

过了 50 分钟,又有许多小动物要租船,可所有的船都租出去了。黄鼠狼看了一眼墙上的钟,眼珠一转,想出了一个'主意’，他走到湖边，大声对噜噜说：“快上岸，你的时间到了！”

噜噜把船划到岸边，黄鼠狼说：“我给你算算，你是 7 时 30 分租的船，现在是 8 时 20 分，8－7＝1（时），30－20＝10（分钟），正好是 1 时 10 分。”噜噜也没多想，付了钱就走了。

路上，噜噜遇到正在散步的小猴灵灵。灵灵看了一下表，问道：“噜噜，这么快就到点了？”噜噜说：“黄鼠狼说到点了，还算给我听了。”说完把黄鼠狼的算法说了一遍。“噜噜，你上当了，7 时 30 分到 8 时 30 分才 1 个小时，可你 8 时 20 分就上岸了，比 1 个小时还少了 10 分钟，你只划了 50 分钟。”灵灵说道。

知道自己受骗了，噜噜十分气愤，他到森林工商局告发了黄鼠狼。第二天，黄鼠狼的游艇公司因为无证经营和欺诈行为，被查处关闭了。

数学智慧大冲浪 33

噜噜在一家咖啡馆里看书，在他的前面有一面镜子，在他的后面有一台挂钟。他抬头看到迎面的镜子里挂钟显示的时间是 2 时 40 分，你知道这时挂钟实际的时间是几时几分吗？

八 数学广角——搭配(一)

1 智力故事
巧拿双倍工资

导语 小兔丽丽和小猪噜噜勤工俭学，来到狐狸的餐馆打工挣学费。狐狸歪点子最多，想让噜噜给他白干活，幸亏小兔丽丽识破了狐狸的诡计，他俩成功地拿到了双倍工资。

暑假里，小兔丽丽和小猪噜噜决定勤工俭学挣学费，帮父母减轻压力。

“丽丽，听说狐狸的餐馆在招服务员，咱俩去报名吧。”噜噜提议道。

他俩一起来到狐狸的餐馆，丽丽问道：“老板，我们俩想在你这里打工，你还需要员工吗？”狐狸这几天正为招员工的事发愁，现在两个小家伙送上门来，他连忙说道：“需要，需要。”

丽丽继续问道：“工钱怎么算呢？”狐狸爽快地说：“每人每天 3 元工资！”

自从丽丽和噜噜来狐狸的餐馆打工后，狐狸把店里大大小小的事全推给他俩干，自己成天跷着二郎腿，时不时还来监督，看看他俩是否偷懒。

转眼一周过去了，丽丽和噜噜找狐狸结算工钱："老板，一周过去了，你要给我们结工资了，每人 3×7=21(元)。"

狐狸一听，每人 21 元，两人就是 42 元，有点心疼了。他把两只小动物带到屋外，看到地上堆着许多小石子，有白色的还有灰色的，眼珠一转，笑道："你们在我这里干了一个周了，为了表达我的谢意，我们来玩个游戏。我在口袋里放一颗白石子和一颗灰石子，你们推选一个代表来摸，如果摸出白石子，工资翻倍；如果摸出灰石子，工资减半。"

丽丽和噜噜商量了一下，觉得有可能得到双倍的工资，便同意了。狐狸迅速弯腰从地上捡了两颗灰石子放入口袋中，这一切都被小兔丽丽看到了。丽丽想了想，笑道："我来摸，不过我要请店里的顾客做证明人。"

噜噜担心地说："丽丽，你手气一定要好点！"丽丽在噜噜耳边小声说道："放心，我保证摸出白石子。"

丽丽把手伸进口袋，摸出一颗石子，紧紧地握在手心里，跑到石子堆边，故意把摸出的石子掉到了石子堆里，叫道："哎呀，我摸的白石子掉到石子堆里了！"

狐狸叫道："你怎么证明你摸的是白石子呢？"

丽丽笑道："你的口袋里原有一颗白石子和一颗灰石子，你看看口袋里剩下的是什么颜色，不就知道我摸的石子是什么颜色了吗？"

狐狸傻了眼，没想到聪明反被聪明误，只得乖乖地付了双倍工资。

数学智慧大冲浪 34

噜噜和狐狸一起采了一篮子桃子，狐狸想独吞这篮桃子，他偷偷写了两张纸条，纸条上写的都是“无”字。狐狸对噜噜说：“这两张纸上，一张写着‘有’，一张写着‘无’，我们抓阄，谁抓到写着‘有’的纸条，这篮桃子就归谁。”

如果你是噜噜，你有办法拿到桃子吗？

2 搭配 看望老师

导语 山羊老师生病了，小兔丽丽带领大伙儿去看望他。狐狸姣姣爱臭美，说要回家换衣服，半天也不见出来。小伙伴们去姣姣家一看，乖乖，一地的鞋子、衣服、帽子，这得试穿到什么时候呀？

大嘴巴河马胖胖又在教室里广播了：“大事不好了，山羊老师生病了！”

小猴灵灵一蹦三尺高，兴奋地说：“哈哈，今天不用上课喽，我们出去玩吧！”灵灵、小猪噜噜、小熊憨憨……一窝蜂地逃离了教室。

“回来！”小兔丽丽一声令下，几个顽皮的家伙极不情愿地走了回来。

灵灵不死心，嬉皮笑脸地说："大班长、好班长，没有老师上课，就让我们出去玩会吧。"

"不行，今天的课全改为自习。"丽丽摆出一副不容商量的样子。

放学后，作为班长的丽丽召集了几位同学，决定一起去看望山羊老师。狐狸姣姣提出要回家换身衣服。

过了好长时间也不见姣姣回来，小鸡格格抱怨道："怎么还不来？姣姣就是太爱臭美了。"

丽丽只好带着大伙儿来到姣姣家，只见姣姣家里到处都是衣服、鞋子和帽子。

"大家来得正好，快帮我看看怎样搭配才最漂亮。"

丽丽无奈地说："我觉得你身上穿的这身衣服就挺漂亮的。"

姣姣得意地笑道："我也觉得不错，可是我想肯定还有更漂亮的穿法。"

格格叫道："你不会是想把每一种搭配都试一次吧，那得花多长时间呀！"

姣姣接着问道："如果一次穿一条连衣裙、一双鞋子，戴一顶帽子，我有 4 条连衣裙、2 双鞋子、4 顶帽子，会有几种不同的搭配呢？"

"这个问题有点复杂，不过可以通过画图来解决。"丽丽在地上画了一幅图：

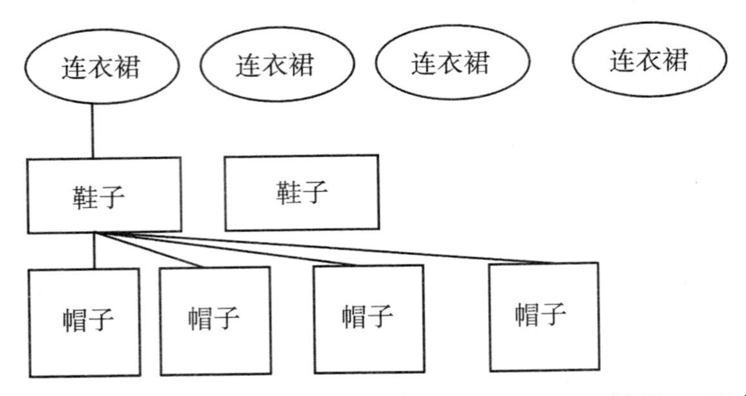

丽丽接着解释道："你们看，1 条连衣裙、1 双鞋子、4 顶帽子就有 4 种不同的搭配法，那 1 条连衣裙、2 双鞋子、4 顶帽子就有 2×4＝8(种)不同的搭配。"

"现在有 4 条连衣裙，那一共就有 4×8＝32(种)不同的搭配。我的天哪，这得穿到什么时候！"格格叫道。

"姣姣，你爱美可以理解，可今天我们是去看望老师，所以等以后有时间你再慢慢试穿吧。"几个小伙伴踏上了去山羊老师家的路。

数学智慧大冲浪 35

噜噜有 4 条裤子、5 件上衣和 2 双鞋子，他共有多少种不同的搭配方法？

3 简单推理
噜噜学游泳

导语

噜噜跟爸爸去学游泳，回到家还考起了妈妈。噜噜的问题能难住妈妈吗？

夏天到了，小猪噜噜和爸爸学起了游泳。

父子俩来到儿童游泳池，噜噜在爸爸的指导下，花了一下午时间，终于学会了最简单的游泳方式——“狗刨”。

“哈哈，都说游泳难学，可我只要深吸一口气，就能浮到水面上了。”噜噜得意极了。

回到家，妈妈关心地问道：“今天游泳的小动物多不多？你学会游泳了吗？”噜噜吹牛道：“妈妈，游泳太简单了，我一下水就学会了！”一边说着还一边比画着。接着，噜噜装作神秘的样子说道：“至于游泳的小动物多不多……妈妈，我今天也出道题考考你。”

“哟，我们家噜噜还会当考官了。好，你出题吧。”妈妈笑道。

噜噜说：“在游泳池里，男孩全戴蓝帽子，女孩全戴红帽子。在每个男孩看来，蓝帽子与红帽子一样多；在每个女孩看来，蓝帽子是红帽子的 2 倍。当然男孩和女孩都看不到自己的帽子。妈妈你说，今天有多少小动物游泳呢？”

妈妈想了想后说："由于都看不到自己的帽子，戴蓝帽的男孩看蓝帽与红帽一样多，说明男孩比女孩多1位；戴红帽的女孩看到蓝帽是红帽的2倍，由于她看不到自己的帽子，所以这时女孩比男孩少2位，说明男孩就是2×2=4(位)，女孩就是4-1=3(位)，一共有7只小动物在游泳。"

"妈妈，你太厉害了！"噜噜连连为妈妈鼓掌。

数学智慧大冲浪 36

院子里住着老张、小张、老王、小王四户人家，每户人家都有1个小孩，他们的名字分别是小红、小华、小兰、王英。已知王英不是小王家的，小红的爸爸不是老张，小华的爸爸姓王。那么，哪两个人是一家的？

下

一 数据收集整理

1 统计表 山羊老师的生日

导语 小动物们为山羊老师庆祝生日，带了许多水果。大家各显身手，统计各种水果的数量。

“山羊老师要过生日啦！太好了，我最喜欢参加生日宴会了。”噜噜的脑海中立马浮现出一个大大的蛋糕。

灵灵跳到噜噜的肩膀上，装模作样地看着噜噜的脑袋，笑道：“让我瞧瞧，你这大脑袋里除了装了吃的，还装了啥？”

班长小兔丽丽发话了，说：“给老师庆祝生日，我们得悄悄地准备，就在教室里。最好是准备水果生日宴会，既健康又实惠。”

“好，我负责带水果。”许多小动物不约而同地说道。

噜噜想了想，说：“我给山羊老师做一个大大的生日寿包，水果馅的。”山羊老师生日那天，小动物们早早地来到教室，把教室布置得像过年似的。当山羊老师推门走进教室时，“砰”的一声，礼花四散，小动物们纷纷挤到山羊老师面前，递上自己准备的水果礼物。

山羊老师激动得满眼泪花：“好孩子，你们长大了！”

满满一桌子水果，有香蕉、苹果、桃子、草莓。山羊老师想到今天需要教学的内容，笑着说：“我最喜欢吃水果了，谁能统计一下，看看哪种水果最多，哪种水果最少？”

“我来统计！”……大伙儿都争着要统计。山羊老师高兴地说：“好啊，正好让我看看你们谁的本领大，你们一起统计吧。”

同学们各自忙开了，不一会儿，灵灵、丽丽、旺旺和噜噜统计好了，他们把自己统计的结果拿给山羊老师看。

小猴灵灵

苹果	正 正 正 正 正 正
桃子	正 正 正 正 正
草莓	正 正 正 正
香蕉	正 正 正 正 正 正 正 正

小猪噜噜

苹果	◎◎◎◎◎◎◎◎◎◎◎◎◎◎◎◎◎◎◎◎◎◎◎ ◎◎◎◎◎◎◎
桃子	◎◎◎◎◎◎◎◎◎◎◎◎◎◎◎◎◎◎◎◎◎◎◎ ◎◎
草莓	◎◎◎◎◎◎◎◎◎◎◎◎◎◎◎◎◎◎◎◎
香蕉	◎◎◎◎◎◎◎◎◎◎◎◎◎◎◎◎◎◎◎◎◎◎◎ ◎◎◎◎◎◎◎◎◎◎◎◎◎◎◎◎◎

小狗旺旺

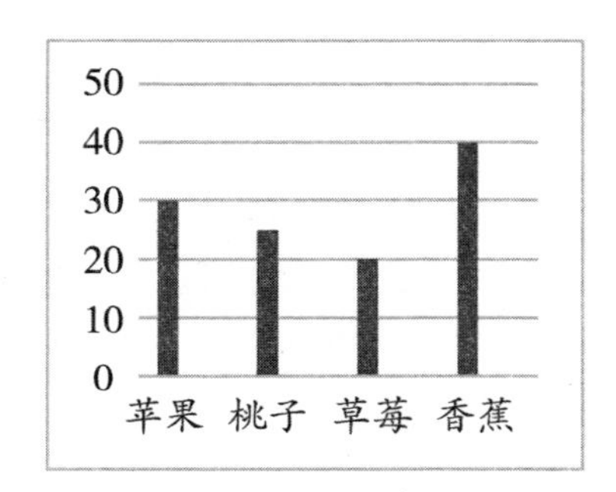

小兔丽丽

种类	苹果	桃子	草莓	香蕉
个数	30	25	20	40

山羊老师看了大家的统计结果后非常高兴，尤其是看到旺旺的统计图后笑得合不拢嘴，说："这种图好呀，我一眼就看出是香蕉最多，草莓最少了。"接着，他夸奖了丽丽的统计表，说："这种统计表，各种数量我一下子全看到了。"

最后山羊老师对灵灵说："画'正'字的方法是我们最常用的统计方法。当然除了用画'正'字统计数量以外，可以用画圈、打钩等方法来统计，就像噜噜这样画圈也不错。"

同学们认真地听着山羊老师的评价，不知不觉学到了更多的统计知识。

数学智慧大冲浪 37

小小统计员

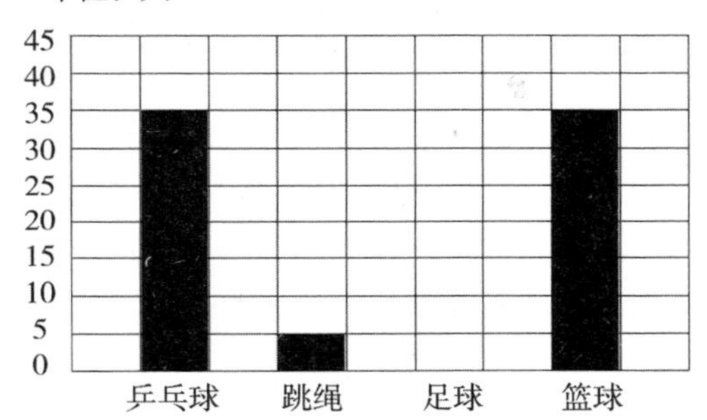

二(3)班课间活动统计图

1. 完成下面的统计表。

项目	乒乓球	跳绳	足球	篮球
人数			15	

2. 图中每一个 □ 表示(　　)人。根据足球有15人，在图中涂出阴影。

3. 喜欢(　　)的人数最少，喜欢(　　)和(　　)的人数相等。

4. 喜欢足球的人数是喜欢跳绳的人数的(　　)倍。

5. 喜欢乒乓球的人数比喜欢跳绳的人数多(　　)人。

2 统计与分析

星期几去敬老院？

导语

“学习雷锋，好榜样……”同学们决定去敬老院为老爷爷和老奶奶服务。可是哪一天大家才能都有空呢？噜噜想到了用统计的办法来解决问题。

“学习雷锋，好榜样……”小猪噜噜哼着歌曲走进教室。

“噜噜，啥事这么开心呀？不会是路上捡到大元宝了吧？”小猴灵灵笑道。

噜噜挺了挺腰，说道：“这个是学习雷锋月，你要是捡到大元宝了，也得上交！”

噜噜接着又哼上了：“我在马路边捡到一分钱，交到警察叔叔手里边……”

“现在我宣布：小猪噜噜、狐狸姣姣、小猴灵灵、小熊憨憨、小猫花花是学习雷锋第一小队的队员，队长是我噜噜。”噜噜提高嗓门，生怕大伙儿听不到。

“谁让你当队长了？哈哈……”灵灵大笑道。

“今天我捡到1块钱，交给了山羊老师，山羊老师当场就任命我为学习雷锋第一小队的队长。”噜噜自豪地说，“现在我宣布：学习雷锋第一小队下周去敬老院，帮爷爷奶奶们做事，谁都不准请假。”

姣姣第一个说：“噜噜，下周一我要去外地参观学习，星期天还得写参观小结。”

灵灵说道：“噜噜，下周星期一、三、五我有空，其他时间我要帮忙修剪桃树。”

憨憨说：“噜噜，下周我星期二、五、六有时间，其他时间我得帮家里干农活。”

花花说：“噜噜，我下周星期三和星期六要外出，其他时间有空。”

噜噜为难了，抱怨道：“你们有空的时间都不一样，我们小队何时才能去敬老院帮忙呢？”

丽丽走过来提醒道：“噜噜，你可以整理一下四位同学的信息，然后找到他们都有空的那一天就行了。”

噜噜按丽丽的方法整理了信息：

周一 有事	周二 有事	周三 有事	周四 有事	周五 有事	周六 有事	周日 有事
姣姣、 憨憨	灵灵	憨憨、 花花	灵灵、 憨憨		灵灵、 花花	灵灵、 姣姣、 憨憨

“找到了，下周五大家都有空！”

数学智慧大冲浪 38

下面是森林动物城2月份的天气记录图，请你尝试做一次气象分析员，并填一填表。

1号	2号	3号	4号	5号	6号	7号	8号	9号	10号
11号	12号	13号	14号	15号	16号	17号	18号	19号	20号
21号	22号	23号	24号	25号	26号	27号	28号		

注：晴天 阴天 雨天

1. 请填写下面的表格。

天气情况	晴天	阴天	雨天
天数			

2. 这个月（　　）最多，它比雨天多（　　）天。
3. 阴天和雨天的总天数比晴天多（　　）天。

二 表内除法（一）

1 除法的初步认识

搭跷跷板

导语

玩具除了购买，还可以自己动手制作。小动物们开动脑筋，齐心协力，好玩的跷跷板很快就搭建成了。

“山羊老师，我们学校的游乐项目太少了，只有一个滑梯，我们都玩够了。”小猴灵灵抱怨道。

山羊老师捋了捋胡须，说道：“现在学校经费紧张，没有多余的钱购买游戏用品啊。”

灵灵想了想说：“没有钱，我们可以自己动手制作。”

“好，那这个事就交给你去办吧。”

灵灵召集了小兔丽丽、小猪噜噜和小熊憨憨一起想办法。噜噜首先问道：“我们制作什么好玩的游戏项目呢？”

“跷跷板！”丽丽兴奋地叫道。

小熊立刻说道：“我家有一块木板，我们一起去搬来吧。”

四个小伙伴把木板运到学校的操场上，灵灵吩咐道：“噜噜和憨憨，你们去搬一块大石头来。”

灵灵把木板放在大石头上。

“不对，不对，左边多了，右边跷起来了。”丽丽在一旁指挥道。

“还是不行，右边又多了，左边跷起来了。”噜噜叫道。

灵灵调整了好长时间，木板始终不平衡，不是左边跷就是右边跷。

这时山羊老师走了过来，对丽丽说：“你去办公室拿一把卷尺来。”

“卷尺？老师，你要尺子干吗？”四个小家伙不解地问道。

山羊老师笑了笑，说：“过会儿你们就明白了。”

山羊老师拿卷尺量了量木板的长度，正好是 6 米，说：“要使木板两边平衡，就必须把木板平均分成两份，左右两边各 3 米。”说完，山羊老师在木板 3 米长的地方做了个记号。大伙儿按着记号把木板放在石头上，左右两边各 3 米，木板神奇地保持了平衡。

“成功啦，跷跷板做成啦！”小动物们开心地叫道。

数学智慧大冲浪 39

憨憨家有两堆木材，第一堆有 12 根，第二堆有 6 根。憨憨要从第一堆拿几根到第二堆，两堆木材才能一样多？

2 平均分（一）怎样分才公平呢？

导语

三只小猫要分鱼，要想分得公平，就必须每只小猫分的鱼一样多。可是不管谁分，另外两只小猫都有意见。最后他们是怎么解决问题的呢？

三只小猫白白、黑黑、花花相约去钓鱼，一上午的工夫，他们共钓到了满满一桶鱼。钓到鱼很开心，可是三个好伙伴却因为分鱼而吵架了。

“白白，你分得不公平，明显你的鱼最多！”黑黑不满地说。

黑黑刚刚分完鱼，白白也不乐意了：“你的分法也不平均！”

黑黑说：“这样分不行，那样分也不行，你去找一台秤，这样就能分得公平了。”

“我才不去找呢，我走了，你们要是偷偷藏起来几条鱼或者先吃掉几条鱼，怎么办？”白白摇摇头，不愿意去找。

花花心想，好伙伴可不能因为几条鱼而闹翻了，必须找到一个大家都满意的分法。花花想了一会儿，笑道：“我有办法让你们都满意。”

白白和黑黑齐声说：“那由你来分。”

花花信心满满地说：“我把鱼分成三堆，由你们俩先挑，剩下的一堆归我。”

白白不屑地说道：“我还以为有什么好办法呢。如果我们俩都看中同一堆，怎么办？”

花花解释道：“好办啊。如果你们俩看中同一堆，那就由你们其中一位从这一堆拿一些鱼到另一堆里，直到他认为两堆差不多为止，然后由另一位从这两堆中先挑。”

“虽说有点麻烦，但方法不错，能保证公平。”三个小伙伴一致同意了这种分法。

数学智慧大冲浪 40

3只小猫吃3条鱼，用3分钟才吃完。照这样计算，9只小猫吃9条鱼，需要(　　)分钟才吃完。

3 平均分（二）
插班生

导语

新学期又有新同学转入动物学校了，山羊老师为了公平，决定把6名新同学分到二年级两个班里。该如何分呢？

星期天，小兔丽丽约了几个好朋友来到山羊老师家，看见山羊老师正趴在桌子上算着什么。丽丽走上前问道：“山羊老师，我们能帮你做些什么吗？”

山羊老师扶了扶眼镜，笑道："我们学校二年级有两个班，二(1)班有35名学生，二(2)班有39名学生。现在又转来6名二年级的新同学，该如何分配，才能使两个班的人数一样多呢？"

小猪噜噜抢先说："太简单了，6名学生平均分给两个班，每班3名。"

小熊憨憨反对道："不行。这样分，两个班的人数还是不相等。二(1)班比二(2)班少39－35＝4(人)，所以要从新来的6人中先分4人给一班，这样两班的人数就一样多了，都是39人；再把剩下的6－4＝2(人)平均分，每班分2÷2＝1(人)。这样二(1)班有35＋4＋1＝40(人)，二(2)班有39＋1＝40(人)，两班人数一样多。"

丽丽点点头说："憨憨的方法我赞同。不过我们还可以这样想：二年级原来的人数加上新转来的人数，共有35＋39＋6＝80(人)。要使两班人数一样多，每班应有40人，所以我们二(1)班要新分配5人，二(2)班新分配1人。"

山羊老师微笑着说："那你们就准备一下明天如何欢迎新同学吧！"

数学智慧大冲浪 41

二(1)班有女生24人，男生18人，分男、女生两队，两队人数不一样多。怎样调整，两队的人数就一样多了？

4 平均分智力题
应该怎样分?

导语

平均分最公平,可是当两个小动物拿出数量不同的物品时,得到的收益就不能平均分。那如何分才公平呢?

小猪噜噜、狐狸姣姣、小熊憨憨和小兔丽丽结伴去漂流,四个小家伙从小溪的上游乘坐竹筏顺流而下。一路上阳光明媚,鸟语花香,小动物们玩得开心极了,他们捉溪鱼、打水仗……

临近中午时分,小动物们玩累了,也饿了,纷纷拿出准备的午饭。当憨憨从书包里拿出午饭时,却发现午饭被水打湿了,这可怎么办?

噜噜和姣姣准备的午饭都是煎饼,噜噜胃口大,他带了7张饼,姣姣带了5张饼。丽丽准备的是胡萝卜。噜噜看到憨憨没有午饭吃,主动把他邀请过来,说道:"姣姣,让憨憨和我们一起吃吧!"

姣姣一听有人要分自己的饼,心里不太高兴,说道:"一起吃也可以,不过憨憨要付点饭钱。"

于是,三个小伙伴把12张饼平均分成了3份,每人分得一份。吃完饼,憨憨主动拿出了12元钱,说道:"我身上只有这些钱了,你俩商量着分吧,就算我的午饭钱了。"

噜噜不想收憨憨的钱,可是姣姣坚持要收,而且还想多分一些，说道："这些钱应该平均分！"噜噜不同意，反驳道："12张饼的钱是12元，正好是1张饼1元。你只带了5张饼，所以你只能拿5元；我带了7张饼，所以我得7元。"

他俩在怎么分钱上始终达不成一致，最后请丽丽帮忙。丽丽听了两人的叙述后，说："一共12张饼，平均分成3份，每份4张饼，也就是说憨憨吃了4张饼，付给你们12元钱，那每张饼就是3元。姣姣带了5张饼，自己吃了4张，所以只拿出1张饼；而噜噜带了7张饼，自己也只吃了4张，所以拿出了3张。这样，姣姣只能拿1张饼的钱，也就是3元；而噜噜应该拿3张饼的钱，也就是9元。"说完，丽丽把12元按3元和9元分成了两份，3元那份给了姣姣，9元那份给了噜噜。

数学智慧大冲浪 42

林林、红红、芳芳三个小朋友买糖吃。林林买了7颗，红红买了8颗，芳芳没有买。三个小朋友平分着吃，芳芳一共付了5角钱，其中给林林(　　)角，给红红(　　)角。

5 除法各部分的名称

噜噜分鱼

导语

噜噜救了小仙鹤，小仙鹤教会了噜噜认识除法，噜噜还学会了用除法算式平均分。

星期天，小猪噜噜到野外踏青，远远听到有呼救声，噜噜跑过去一看，原来在水塘里有一只小仙鹤被水草缠住了。噜噜割断了水草，救出了小仙鹤。

“谢谢你救了我！”小仙鹤感激地说道。

噜噜和小仙鹤成了好朋友，在水塘边做起了游戏。“咕噜噜……”噜噜的肚子叫了起来。

“这荒郊野外的，到哪里找吃的呢？”噜噜捂着肚子四处观望。

小仙鹤笑道：“我有办法找到吃的。”说完一头扎进了水里，噜噜正担心小仙鹤的安危时，小仙鹤从水底露出了脑袋，嘴里叼着一条小鱼。

小仙鹤把鱼放到岸上，说道：“噜噜，你去找点干柴，我们烤鱼吃。我再去抓几条鱼。”

当噜噜找来干柴时，岸上已有了一堆小鱼。小仙鹤跳上岸，说道：“噜噜，这些鱼都给你吃吧。”

“不，这些鱼是你辛苦抓来的，我们分着吃吧。”噜噜一边分一边念叨，“你一条、我一条，你一条、我一条……”

小仙鹤笑道：“用平均分的方法既快又公平。我一共捉了12条鱼……”小仙鹤还没说完，噜噜问道：“什么是平均分？”

小仙鹤一边解释一边列了个算式：“每份分的同样多，这就是平均分。可以用除法计算，12÷2=6(条)，我们每人分6条小鱼。”

“这是什么符号？长得和‘+’号差不多。”噜噜指着除号问道。

小仙鹤说：“这个符号叫除号，除号前面的数叫被除数，除号后面的数叫除数，得到的结果叫商，也就是平均分之后每一份的数量。”

烤鱼的香味飘得很远，小猫花花闻到香味也赶了过来：“好香啊，能分点给我吃吗？”

“现在要把 12 条鱼平均分成 3 份，可以列出除法算式 12÷3＝4（条），每份是 4 条小鱼。”噜噜不仅明白了平均分，还会列除法算式求商了。

三个小伙伴吃饱后，又开始做游戏了。

数学智慧大冲浪 43

1. ☆＋☆＝8　　○＋☆＝10

☆＝（　　）　　○＝（　　）

2. □＋□＋□＝15　　○＋○＋□＝17

□＝（　　）　　○＋□＝（　　）

6 5的乘法口诀求商 免费糖果

导语

孔雀姐姐为了吸引顾客，想出了免费送巧克力这一招。噜噜为了吃到免费的糖果，可谓是绞尽了脑汁。噜噜最后吃到了吗？

孔雀姐姐在学校对面开了一家“爱心甜品”糖果店，专门制作各种糖果和点心。每到放学，店的里外都会挤满一些爱吃甜食的小动物，噜噜可是这里的常客。

孔雀姐姐为了吸引更多的顾客，想出了一招免费送巧克力的宣传办法。她在店门口放了一大块巧克力，形状如下：

“谁要是能把这块由5个正方形组成的巧克力平均分成大小、形状相同的4块，我就把这块巧克力免费送给他！”孔雀姐姐宣传道。

免费吃这么大一块巧克力！噜噜心动了，一有空，他就拿出纸和笔在上面画啊、分啊……噜噜绞尽脑汁也没想出该怎么分。

“唉，看来这块巧克力与我无缘了。”噜噜叹了口气。

“想吃巧克力其实也不难。”这时噜噜耳边传来小狗旺旺的声音。噜噜好像遇见了救星似的，一把抓住旺旺，生怕他跑了，问道：“旺旺，好旺旺，你就帮帮我吧！”

“帮你也不是不可以，不过……”

“不过什么？”

“我帮你拿到巧克力，你今天要帮我值日，我有急事要早点回家。”旺旺说道。

“原来是帮你值日啊，我还以为是什么难办的事呢，这点小事我包了！”噜噜拍着胸脯爽快答应了。

旺旺拿出纸和笔画了起来，一边画还一边给噜噜解释其中的原理：“噜噜，要把5个正方形直接平均分成4块是不可能的，不过如果我们让正方形的个数变成4的倍数，那就好办多了。”

“怎么变成 4 的倍数呢?”

旺旺在原来 5 个正方形的基础上又画了几笔,如图:

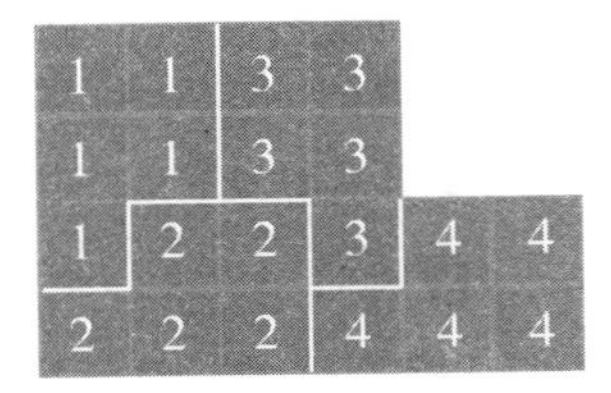

“噜噜,你看,把每个大正方形平均分成 4 个小正方形,这样 5 个大正方形就被平均分成了 4×5=20(个)小正方形;然后再把这 20 个小正方形平均分成 4 份,也就是说每份要有 5 个小正方形。”

经旺旺这么一解释,噜噜终于明白了,他飞快地奔向了糖果店……

数学智慧大冲浪 44

这里有 6 块正方形组成的图形,现在要把它平均分成大小、形状相同的 8 个图形。小朋友,你会分吗?试一试吧!

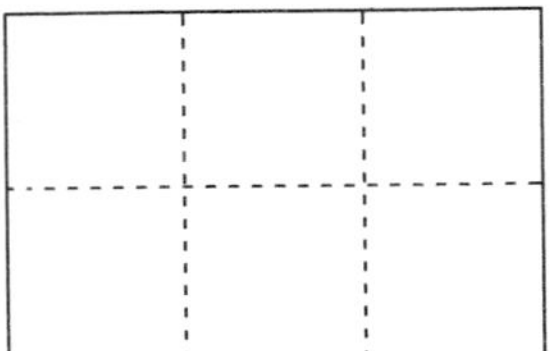

7 4的乘法口诀求商
喝汽水

导语

5 个空汽水瓶能兑换 1 瓶汽水。4 个有爱心的小动物，是如何拿 4 个空汽水瓶给孤儿小山羊兑换 1 瓶汽水的呢？

“汽水，喝汽水啦，冰凉可口的汽水！”动物学校门口冷饮摊的老板大声地吆喝着。小动物们都挤到了冷饮摊边。

“老板，一瓶汽水多少钱？”噜噜馋得直流口水。

“4 块钱一瓶。”冷饮摊的北极熊老板一边收钱一边答道。

“大家把钱都掏出来，我们合起来买。”小猴灵灵提议道。

灵灵、小兔丽丽、小鹿、噜噜把钱都掏了出来，丽丽说道：“算一下，够不够？”

灵灵清点了一下钱数，正好 16 元，笑道：“一共 16 元，16÷4=4(瓶)，我们 4 个正好每位一瓶。”

“老板，快帮我打开，渴死我了。”噜噜迫不及待地喝上了汽水。北极熊老板不慌不忙地说：“别急，慢慢喝，这样才解渴。”

正当大伙儿慢慢品尝汽水时，丽丽看到小山羊从学校里出来，她对大伙说：“小山羊是孤儿，我们请他喝瓶汽水吧。”灵灵为难道：“可是我们没钱了呀。”

丽丽看到冷饮摊前有一个牌子，上面写着“5 个空瓶可以换 1 瓶汽水”，急忙说道：“我们可以用空瓶跟老板换汽水。”

“可是我们只有 4 个空瓶，不够换 1 瓶汽水呀。”噜噜数了数说道。小鹿想到了一个办法，笑道：“我有办法！”

“什么办法？”

小鹿把小山羊叫了过来，对北极熊老板说：“老板，请借我一个空瓶，过会儿还给你。”

灵灵明白过来了，称赞道：“好办法，现在我们有 5 个空瓶，正好可以换 1 瓶汽水。”

小山羊喝完汽水，小鹿把空瓶递给北极熊老板，说：“谢谢，借你的空瓶现在还给你。”

数学智慧大冲浪 45

3 个空瓶兑换 1 瓶汽水，噜噜买了 6 瓶汽水，他一共可以喝到几瓶汽水呢？

8 6的乘法口诀求商 买彩灯

导语

小熊憨憨为了和小伙伴们一起办派对，来到超市买彩灯。在结账时，憨憨算的结果是 6 盏，可超市兔阿姨却说是 7 盏。这是为什么呢？

小熊憨憨家造了新房子，小动物们都来祝贺。噜噜听说了，那个激动呀，只要有聚会，噜噜肯定是第一个到的。这不，噜噜早早地来到憨憨的新家，感叹道："憨憨，你家新房子真漂亮！"

不一会儿，小动物们都到齐了。憨憨热情地接待大家，邀请大家参观自己的新家。天色暗了下来，热情的憨憨决定晚上开派对，好好庆祝一下。可家里太小，小象连转身都困难。长颈鹿低着头，脖子都酸了，说道："憨憨，我们就站在门外边吧，家里实在太小了。"小猴灵灵提议道："哪有让客人待在屋外的道理，不如我们在新房外面举行联欢活动吧！"

憨憨看到屋外黑乎乎的，后悔道："哎呀，忘记在新房外安彩灯了，我现在就去买电线和彩灯。"

憨憨来到商场，售货员兔阿姨热情地问道："憨憨你好，请问你要买点什么？"

憨憨答道："我家新房正面墙壁长 30 分米，我想每 5 分米安一盏彩灯，一共要 $30\div5=6$(盏)。"兔阿姨笑道："不对，应该买 7 盏彩灯。"

憨憨不解地问："$30\div5=6$，怎么要安 7 盏灯呢？"

兔阿姨解释道："因为新房墙壁的两端都要安彩灯，所以要再加一盏彩灯。"

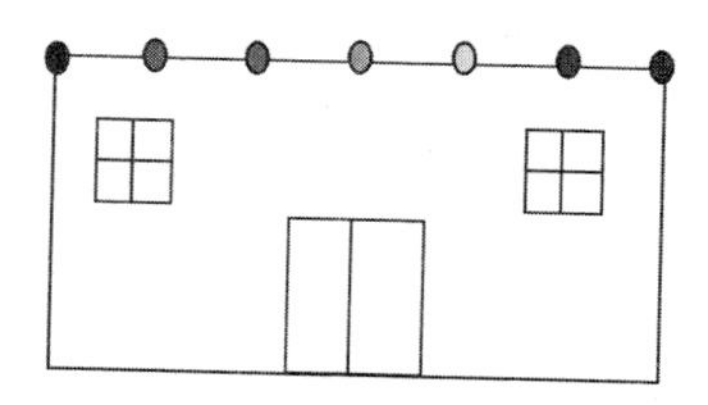

憨憨安好彩灯后，小动物们在小熊家门口开开心心地玩了起来。

数学智慧大冲浪 46

小猪噜噜在一条长 12 米的小路的一侧栽树，每 3 米栽一棵，小路的首尾都要栽种。一共需要多少棵树？

三 图形的运动（一）

1 轴对称

奇妙的对称图

导语

小兔丽丽心灵手巧，她用一把小小的剪刀，剪出了各种对称的图形。噜噜看得手痒痒，他也想学……

小猪噜噜发现小兔丽丽画出的图形都是一连串的，非常漂亮。噜噜十分羡慕，也想跟着丽丽学。

一天中午，噜噜特地来向丽丽讨教画图的方法。知道了噜噜的来意以后，丽丽随手拿了一张纸，对折了一下，用彩笔靠近折痕边慢慢画着，接着用剪刀沿着画的痕迹慢慢剪开，不一会儿，一个漂亮的星星出现在噜噜面前。

"太神奇了。"噜噜惊叹道，"你刚才就只画了半边，怎么剪下来就是整个星星了呀？"

"这种沿着中间的折痕正好左右两边完全重合的图形，叫作轴对称图形。这条折痕所在的直线就是这个星星图的对称轴。"丽丽看着一脸吃惊的噜噜说，"你给我半个星星，不对折，我也能把它的另一半画出来呢。"

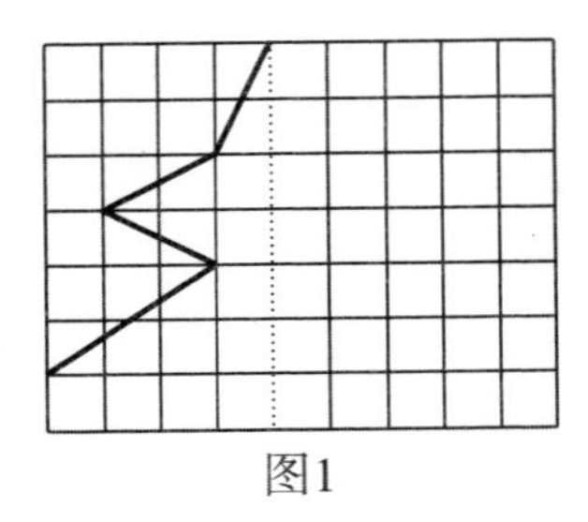
图1

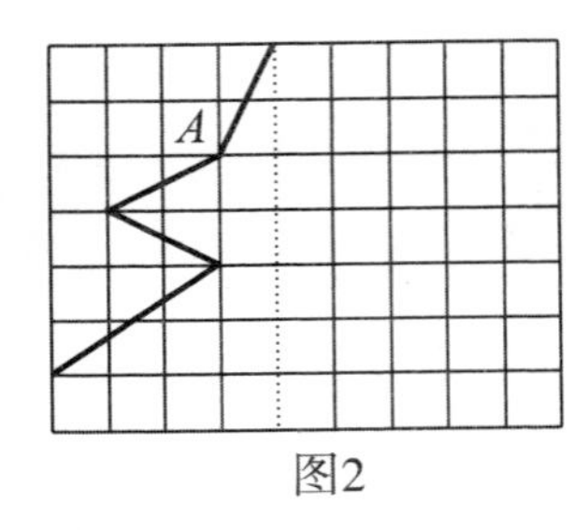

图2

“要是能有这样的本领，那真是太厉害了！你画给我看看吧。”噜噜越来越佩服丽丽了。

“为了方便画图，我首先把这半个星星放在一个方格图中。”丽丽迅速在一张白纸上画出了方格图和半个星星(图 1)。

“先找到星星的关键点，以这个 A 点为例(图 2)。这个点在对称轴的左边，距离对称轴只有一个格子。然后我在对称轴的右边，距离一格的地方也点上一个点。这个点 A'就是 A 点的对称点(图 3)。”丽丽耐心地向噜噜讲述找点的过程，“剩下的点，你能找到吗?”

“没问题，你看我的。”噜噜不假思索地说。

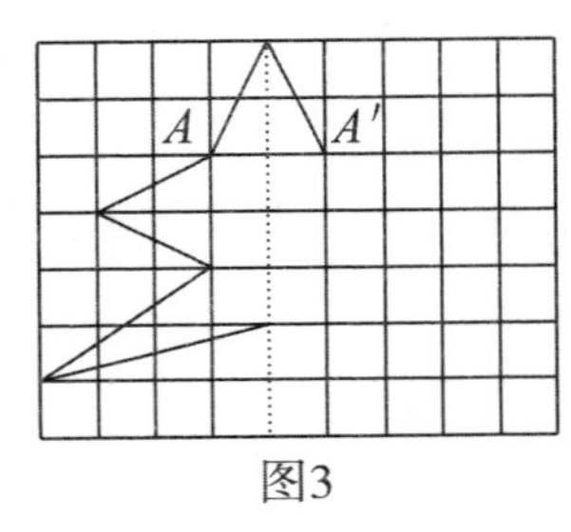

图3

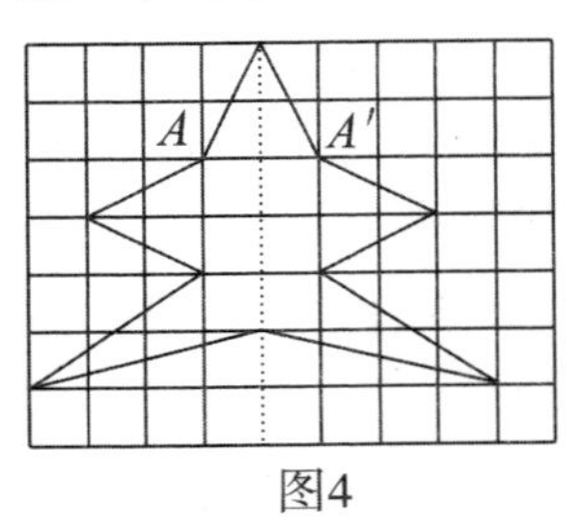

图4

噜噜一边找一边嘀咕:“先找到关键点，然后数出关键点到对称轴的距离，接着在对称轴的另一边同样的位置数出同样的距离，就找到这个关键点的对称点了。”

噜噜很快就找到了所有关键点的对称点，依次连接起所有的对称点，一颗漂亮的星星跃然纸上(图 4)。

“你真是太棒了！”丽丽冲着噜噜竖起了大拇指。

“都是你的方法好！”噜噜谦虚地说。

数学智慧大冲浪 47

你还会设计什么图案呢？

教你剪个五角星：

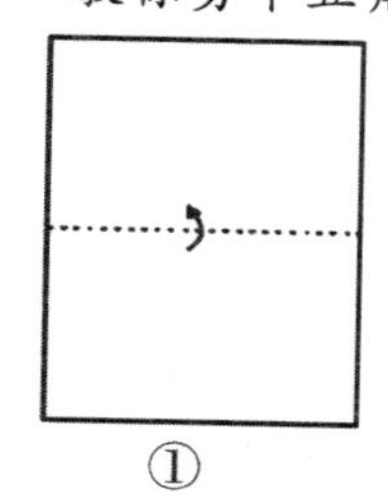

①

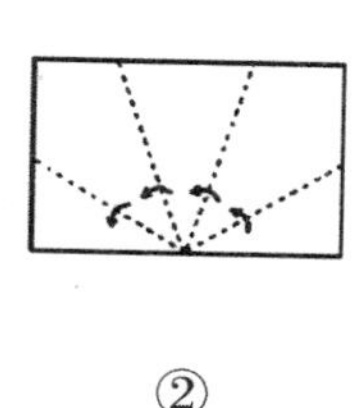

②

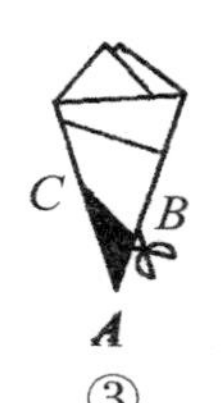

③

④

2 平移、旋转 小猴灵灵去竞赛

导语 “小猴灵灵要代表动物学校去动物城参加数学竞赛啦！”大嘴马河马又开始广播了。

听说小猴灵灵要代表动物学校去动物城参加数学竞赛，同学们纷纷向灵灵表示祝贺。

“灵灵，这是猴头菇，听说吃了能补大脑，到时给我们学校抱个大奖杯回来。”噜噜从书包里掏出一袋猴头菇递给灵灵。

狐狸姣姣笑道：“都说吃啥补啥，这东西长得就像你的大脑，肯定能补脑。”

第二天，灵灵跟着山羊老师坐上了前往动物城的火车。

在火车上，灵灵兴奋地观看窗外快速移动的景物。山羊老师捋着胡须问灵灵："灵灵，跑动的火车是怎样移动的呢？"

"火车在轨道上是平移的。"灵灵转头对山羊老师说，"我答得对吗？"

"嗯！"山羊老师高兴地点点头，说，"物体从一点出发，或上或下，或前或后，或左或右，都是沿着直线移动的，这就叫'平移'。"

"火车上有没有旋转呢？"山羊老师又问道。

"当然有了，车轮就是旋转的。"灵灵的脑袋就是转得快。

山羊老师指着窗外的风车问："风车在不停地转动着，这是什么运动呢？"

"也是旋转。山羊老师，什么是旋转呢？"灵灵问道。

山羊老师看着外面的风车说道："你看远处的风车，它以车轴为中心转动，这就叫'旋转'。"

"哦，我明白啦！"灵灵点点头说。

山羊老师微笑着对灵灵说："'平移'和'旋转'的知识我还没教你呢，你这么快就弄明白啦，这次数学竞赛你准能取得好成绩！"

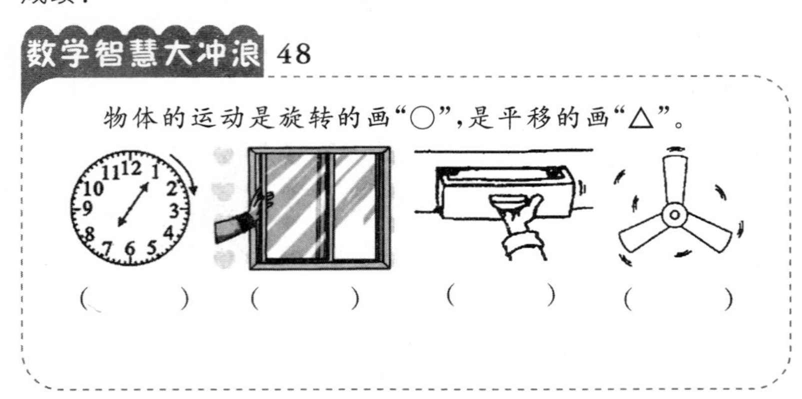

四 表内除法（二）

1 7~9乘法口诀求商
小猴灵灵生病了

导语

灵灵得了大奖，可惜却生病了，班长丽丽带领大伙儿去看望灵灵。同学们却为买什么水果争执起来……

“号外，号外！一个好消息，一个坏消息，你们想先听哪个？”大嘴巴河马胖胖又开始广播消息了。

“当然是好消息了！”噜噜可不想听坏消息，万一坏消息跟自己有关，那就麻烦了。

胖胖叹了口气说：“好消息和坏消息都与小猴灵灵有关。好消息是灵灵上次去竞赛拿了个特等奖，听说还有一个大大的奖杯呢；坏消息嘛，就是灵灵水土不服，回到家就生病了。”

小猴灵灵为班级争了光，作为班长的小兔丽丽，决定带领同学们去看望灵灵。“我们得买点水果去。”噜噜提议道。

同学们凑了凑，最后凑了 63 元钱。来到水果店，标价牌上写着：葡萄每斤 7 元，香蕉每斤 9 元，苹果每斤 8 元。

噜噜说：“我们买些葡萄吧，每斤 7 元，可以买 $63\div7=9$（斤）呢。”

憨憨说:“还是买香蕉吧,灵灵最喜欢吃香蕉了,一共可以买 63÷9=7(斤)。”

丽丽想了想说:“只买一种水果太单调了,不如买两种水果吧,正好给灵灵换换口味。”

“只有 63 元,两种水果各买多少呢?”噜噜为难道。

憨憨说:“如果买葡萄和香蕉,7×4=28(元),9×4=36(元),加起来一共 28+36=64(元),哎呀,差了 1 元。如果买葡萄和苹果,7×4=28(元),8×4=32(元),加起来一共 28+32=60(元),又余了 3 元……”

憨憨还想往下说,丽丽打断了他,说道:“为什么不考虑买三种水果呢？这样灵灵每种水果都能尝尝了。”

“好是好,可是三种水果怎么买呢？太复杂了。”噜噜怕计算麻烦,第一个反对道。

“其实也不难,三种水果我们可以各买 2 斤,剩下的钱再考虑买哪种水果。”丽丽说道。

“是呀,三种水果各买 2 斤,7×2=14(元),8×2=16(元),9×2=18(元),加起来一共 14+16+18=48(元)。剩下 15 元,正好再买 1 斤葡萄和 1 斤苹果。”丽丽边算边说道。

同学们拎着水果,踏上了去灵灵家的路。

数学智慧大冲浪 49

1. △+△=6　　○+○+○+○=20

△=(　　)　　○=(　　)

2. ☆+☆+☆=12　　☆×○=20

☆+○=(　　)

五 混合运算

1 混合运算 噜噜植树

导语

狐狸大婶让噜噜帮忙植树，又想耍小聪明占便宜。这次，旺旺帮噜噜讨回了狐狸少给的工资。

星期天，噜噜在家闲不住，他准备外出勤工俭学挣学费，正好看到狐狸在招工。“狐狸大婶，你看我能干点什么呢?”噜噜问道。

狐狸眼珠一转，笑道：“你帮我种水果树苗吧。”说完就带着噜噜来到果园，指着一块空地说：“这块地是长方形的，里面已经有一棵苹果树了。我打算围着这棵苹果树种上一片梨树，前面种 3 行，后面种 4 行，左边种 4 列，右边种 4 列，苹果树那行那列也要种上。价钱嘛，就按每棵树 1 元，如何?”

噜噜爽快地答应了，他加班加点地在果园里干了起来。几天后，总算把梨树栽好了。噜噜开心地来到狐狸家算工钱，狐狸拿出算盘，边念边算：“苹果树前面 3 行，后面 4 行，共 7 行；左边 4 列，右边 4 列，共 8 列。噜噜，你一共种了 $7\times8=56$(棵)树，每棵树 1 元，所以应该付给你 56 元工资。”说完，狐狸从抽屉里拿出 56 元钱递给噜噜。

噜噜常常听说狐狸会克扣工钱，他仔细地听着狐狸算账，没有发现什么问题，还老实地说："狐狸大婶，中间那棵苹果树不是我种的，应该扣掉1元。"

狐狸笑了笑说："噜噜，看你出来挣学费也不容易，算了，这1元钱就不用扣了。"

噜噜揣着56元钱，哼着小曲回家，路上遇到了小狗旺旺。噜噜得意地把自己种树挣钱的事讲给旺旺听，旺旺一听，说道："噜噜，狐狸又克扣你的工钱了。"

噜噜挠挠头说："没有呀，狐狸算得清清楚楚的，还多给了我1元呢。"

旺旺给噜噜画了一张示意图：

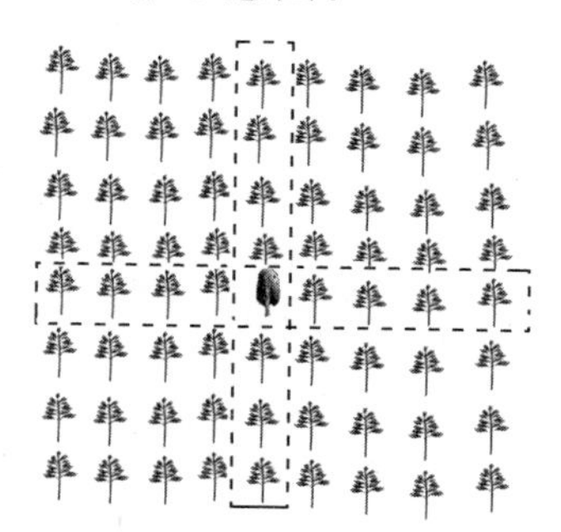

旺旺指着图说："噜噜，狐狸并没有算苹果树这一行一列的树，你其实种了8行9列，即8×9＝72(棵)，再减去1棵苹果树，所以，你一共种了71棵树，应该得到71元钱的工钱。"

"走，我们去找狐狸，把她少给的工钱要回来！"旺旺拉着噜噜去找狐狸算账。

数学智慧大冲浪 50

一个数加上6，乘以6，减去6，除以6，最后等于6。这个数是几？

2 运算顺序

给零知整

导语

献爱心捐款活动，小气的狐狸姣姣准备只捐1元钱。小猴灵灵想了一个办法，让姣姣捐了一大把钱……

“献爱心”活动开始了，同学们带来了自己积攒的零花钱准备捐款，就连最小气的狐狸姣姣也把自己的储蓄罐带到了学校。

“啊，白雪公主储蓄罐！”调皮的小猴灵灵一把夺过姣姣手中的储蓄罐，摇了摇，“挺沉啊，里面得有好几十块，准备全捐了吗？”

“想得美，我就捐1块钱。”姣姣不情愿地说道。

鬼点子最多的灵灵听到了，心想：姣姣平时买零食可不小气，现在献爱心了却只肯捐1块钱，我得想个法子让她多捐点。

“姣姣，你从储蓄罐里任意抓一大把硬币，只要多于8枚，连你自己都不知道总数是多少个，我却知道。”灵灵得意地说道。

“就会吹牛！”

“吹牛？不信我们打赌，如果我猜中了，就把你抓的硬币全捐了，如何？”

“要是你猜错了呢？”

"猜错了,这个月你的零食我包了!"灵灵拍着胸脯说道。

姣姣心想,自己抓一大把硬币,只要多于 8 枚,多少则任由自己决定,于是爽快地答应了。

灵灵背过身,姣姣为了防止被猜中,抓了一大把硬币后问:"你猜我手中有多少个硬币?"

灵灵笑着说:"现在请你将抓出来的硬币排成一个正方形,多余的放回储蓄罐,不足的补齐。"

姣姣悄悄将硬币摆成了下面的图形:

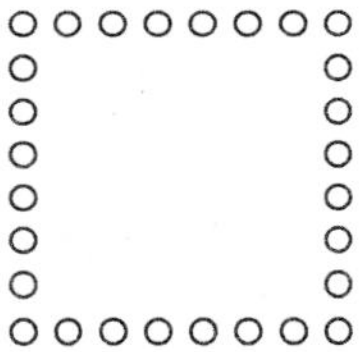

```
○○○○○○○○
○      ○
○      ○
○      ○
○      ○
○      ○
○      ○
○○○○○○○○
```

"再请你拿起其中三条边上的硬币,将硬币沿着剩下的一条边,一行一行地排下去,新排的每行硬币个数与剩下这条边的硬币个数相等,排满一行再另起一行。"灵灵不紧不慢地说着。

姣姣按照要求又将硬币排好了。

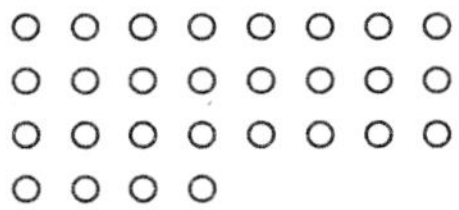

```
○ ○ ○ ○ ○ ○ ○ ○
○ ○ ○ ○ ○ ○ ○ ○
○ ○ ○ ○ ○ ○ ○ ○
○ ○ ○ ○
```

灵灵背对着姣姣问道:"有零头吗?若有,请将零头数告诉我。"

"零头数是 4。"

灵灵稍一思索,对着全班同学说道:"姣姣同学捐 28 枚硬币!"

大伙儿围过来一数,真是 28 枚硬币,惊叹道:"灵灵,你可真神了!"

灵灵不好意思地笑道:“我神不神不重要,关键是姣姣今天一下子抓了 28 枚硬币捐款,这才是最重要的!”

在大伙儿的注视下,姣姣只好乖乖地把 28 枚硬币投进了捐款箱。

噜噜把灵灵拉到教室外,问道:“灵灵,你是怎么知道的?”

灵灵得意地说:“太简单了,只要用零头数乘以 4 再加上 12,就能得出硬币的总数了。”

“再给我讲讲其中的道理吧。”

灵灵在纸上一边画一边解释道:“只要总数多于 8 枚硬币,如果能正好排成正方形,那么留下一条边,拿起剩下的硬币,沿着留下的一条边一行一行对齐重排,都可以排成三整行,要么没有第四行,要么第四行必定缺少 4 枚。

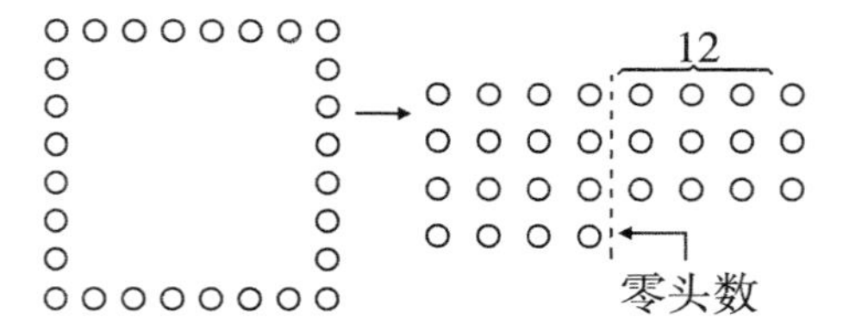

“零头数是 4,根据公式得:$4\times4+12=28$(枚);如果没有零头数,便只能是 $0\times4+12=12$(枚)。”

数学智慧大冲浪 51

有 9 条红金鱼和 27 条黄金鱼,每个鱼缸放 4 条金鱼,一共需要几个鱼缸?

六 有余数的除法

1 有余数的除法（一）

过河

导语

一只老鼠读完了图书馆里的每一本书，他决定用自己的知识去帮助每一个有困难的人。

一天，图书馆的角落里，一只老鼠摘下了鼻梁上的眼镜，自言自语道："终于看完最后一本书了，我得出去长长见识了。"

老鼠收拾了行李，决定往东走。在路上，他遇到了一群去采松果的松鼠。一只小松鼠停了下来，上下打量着老鼠，伤心地说道："好可怜啊，你瘦得尾巴上的毛都掉光了。"松鼠妈妈跳了出来，笑道："傻孩子，他不是松鼠，而是一只老鼠。"老鼠走上前，主动介绍道："大家好，我是博士鼠！"

博士鼠和小松鼠们成了好朋友，他决定和小松鼠们一起去采松果。可是没走多远，一条大河拦住了他们的去路。岸边有许多小动物在等着过河，可只有一条小船。松鼠妈妈问道："小船一次只能运 4 只小动物过河，现在一共有 25 只小动物，大伙儿快算算，需要运多少次大家才能全部过河呢？"

一只小松鼠抢先答道："用 $25\div4=6$(次)……1(只)，最后一只也需要运 1 次，所以一共需要运 7 次。"

这时一只年龄稍大的松鼠跳上船说道："不对，每次必须有一只小动物把船再划回来，所以实际每次只能运 3 只小动物过河，用 25÷3=8(次)……1(只)，应该需要运 9 次。"

博士鼠想了想说："我认为只要运 8 次，就能全部过河了。"

"8 次？你准备让最后一只小动物游过去吗？"大伙儿笑道。

博士鼠笑着解释道："前面 7 次每次只能运 3 只小动物，但最后一次却可以运 4 只，因为最后一次不需要再把船划回来了。所以用 25-4=21(只)，21÷3=7(次)，加上最后的一次，一共运 8 次就可以了。"

"运 8 次，唉，时间太长了！"许多小动物都抱怨起来。博士鼠翻了翻书，很快找到了一个好办法，说道："我们可以给小船做一个简易的帆，这样能使小船行驶得更快。"

小松鼠们立刻动手，用桌布做成了一个简易的帆。小动物们乘坐在帆船上，开心地叫道："我们的小船长翅膀喽！"

数学智慧大冲浪 52

25 只小动物要过河，如果船上每次只能坐 6 只小动物，且每次都要有一只小动物把船划回来，至少要运几次才能把这些小动物全部运过河？

2 有余数的除法(二)

狐狸应聘

导语

狐狸什么也不会,还去服装厂应聘。鸡阿姨让狐狸缝纽扣,狐狸干了一天,鸡阿姨却不愿录用狐狸。这是为什么呢?

鸡阿姨开办了一家服装加工厂,设计的衣服款式非常时髦,生意越做越红火,订单也越来越多。鸡阿姨急需招聘一批员工,贴出广告后,许多动物都来应聘。狐狸听说了,也来参加应聘。

鸡阿姨问道:“你会设计吗?”

狐狸摇摇头说:“不会。”

“那你会缝制衣服吗?”

狐狸还是摇摇头:“不会。”

鸡阿姨无奈地说道:“那你就负责缝纽扣吧,这个工作最简单,每件衣服缝 9 个纽扣。如果干得好,我就正式录用你。”

狐狸一听,觉得工作挺轻松的,就爽快地答应了。

一上午的试用期结束了,狐狸得意地向鸡阿姨汇报自己的工作成果:“我上午缝了 5 件衣服,看,一盒纽扣就剩下 1 粒了,是不是很快呀?”

鸡阿姨看了看狐狸缝制的纽扣和盒中剩下的 1 粒纽扣,说:“虽然你缝制纽扣的速度很快,但我还是不能录用你。”

“为什么呢？是我缝制的纽扣不好吗？如果你不能给我一个合理的解释，我就去工商部门告你，让你赔偿我的损失！”狐狸大声地叫嚷道。

鸡阿姨不慌不忙地说：“因为我发现你不够老实。我们厂的纽扣都是每盒 50 粒，每件衣服缝 9 粒纽扣，50÷9＝5(件)……5(粒)。你缝制了 5 件衣服，应该剩下 5 粒纽扣，可现在只剩下 1 粒纽扣，你能向我解释一下另外 4 粒纽扣哪去了吗？”

狐狸见鸡阿姨发现了自己偷纽扣的事，只好从口袋里掏出另外 4 粒纽扣，谎称自己无意中放到口袋里的，最后灰溜溜地逃走了。

数学智慧大冲浪 53

动物园的老园长把 46 个苹果顺次发给小熊、小狗、小猴、小兔和小鹿。机灵的小猴想多吃 1 个苹果，就选好一个位置站好。你知道小猴站的是什么位置吗？

3 有余数的除法（三）

余数的妙用

导语

丽丽请客，噜噜一看菜单就笑了，说是“萝卜开会”。不同的萝卜，不同的烧法，让噜噜大饱口福。

一天，小兔丽丽给大家发请柬，邀请小伙伴们晚上去家里做客。

噜噜一听又有晚宴吃，后悔道："唉，丽丽，你要是早点通知我，我中午肯定就少吃点，或者不吃了，我得留着肚子吃宴席。"

小猴灵灵跳过来，拍了一下噜噜的大肚子，笑道："你这肚子，就是吃饱了，吃得也比我们多。"

噜噜打开请柬一看，笑道："萝卜开会？"

丽丽笑着给大家解释道："今年我们家种了白萝卜、红萝卜、胡萝卜、青萝卜、紫萝卜、水果萝卜……做法也不同，有凉拌、红烧、煲汤、爆炒……"

"别说了，我都有点迫不及待了。"噜噜抹了抹嘴角流下的口水。

晚上，噜噜吃得太多，肚子胀得难受，在丽丽家转圈，看到兔妈妈正在搬萝卜，问道："兔阿姨，这一筐萝卜有多少根啊？"

丽丽走过来笑道："这一筐萝卜分给我们家的兔宝宝，每个兔宝宝分 6 根，就会余下 8 根；如果每个兔宝宝分 7 根，又不够。现在我可以告诉你，我们家兔宝宝不到 10 只。你能算出这一筐萝卜有多少根吗？"

"我……我要是答上来，有什么奖励呢？"噜噜可不想白动脑筋。

丽丽拿出一根又大又粗的水果萝卜说："答对了，这根水果萝卜就归你了。"

噜噜想了想，先列了个算式$\square \div \square = 6 \cdots\cdots 8$，说道："根据余数要比除数小，再根据兔宝宝不超过 10 只，所以可以知道兔宝宝有 9 只。"

噜噜又列了一个算式$\square \div 9 = 6 \cdots\cdots 8$，得意地说道："现在可以根据被除数＝商×除数＋余数，算出这一筐萝卜有$9 \times 6 + 8 = 62$（根）。"

“噜噜，怎么每回问你有关吃的问题，你都答得这么好呢？”丽丽不解地问道。

噜噜不好意思地挠挠头，说：“我也不清楚这是怎么回事。”

数学智慧大冲浪 54

把20个图形按这样的顺序排列：△○☆△○☆……想一想：第8个是（　　），第18个是（　　），第20个是（　　）。每种图形各几个？

4 有余数的除法（四）
巧分松果

导语

松鼠妈妈让小松鼠“平均”分17个松果，这可把小松鼠难住了，因为不管怎么分都有余数。妈妈给了小松鼠一个蘑菇，就解决了问题。

今年的松果大丰收，小松鼠家忙了一上午，采了许多松果。妈妈把小推车都装满了，可还有一些松果，妈妈对小松鼠们说：“我们把这些松果埋在枯叶堆里，等冬天没有食物的时候，再把它们刨出来。”

小松鼠担忧道：“妈妈，松果埋在枯叶下面，如果忘记了怎么办？”松鼠妈妈笑道：“如果忘记了，明年它们就会长成小松树，等松树长大后，又能结出更多的松果。”

小松鼠从树上跳下来，从背包里倒出一堆松果，说道：“妈妈，我采的 17 颗松果也埋起来吧。”

“不用了，中午就吃这 17 颗松果吧。”妈妈摸了摸小松鼠的头，说道，“如果妈妈想把这 17 颗松果‘平均’分成 2 份，其中一份我自己吃；把这 17 颗松果‘平均’分成 3 份，其中一份给你哥哥吃；把这 17 颗松果‘平均’分成 9 份，其中一份给你吃，你会分吗？”

小松鼠捡起一根树枝在地上列起了算式：17÷2＝8（颗）……1（颗）；17÷3＝5（颗）……2（颗）；17÷9＝1（颗）……8（颗）。小松鼠为难道：“妈妈，按你的要求，不管怎么分，都有余数，不可以平均分呀。”

松鼠妈妈从地上捡了一个蘑菇递给小松鼠，笑着说：“把这个蘑菇加进去，就能分了。”

小松鼠看着蘑菇摇摇头说：“可是我们不爱吃蘑菇呀。”

松鼠妈妈神秘地说：“放心，分完后，这蘑菇肯定还是我的。”

“分完了，这蘑菇怎么还会是你的呢？”小松鼠将信将疑地把这个蘑菇和 17 颗松果放在一起平均分：18÷2＝9；18÷3＝6；18÷9＝2；9＋6＋2＝17。

“呀，正好 17 颗。这是怎么回事呢？”

松鼠妈妈拿掉蘑菇，笑道：“等你再长大点，学到更多的知识，你就会明白其中的道理了。”

数学智慧大冲浪 55

小猴摘了 11 个桃子，准备“平均”分成 2 份，其中一份给姥姥送去；把 11 个桃子“平均”分成 4 份，其中一份给爸爸吃；把 11 个桃子“平均”分成 6 份，其中一份给妈妈吃。你能用学到的本领分一分吗？姥姥、爸爸、妈妈各分得几个？

七、万以内数的认识

1 1000以内数的认识（一）

结了多少个桃子？

导语

红通通的桃子成熟了，小动物们在桃树底下你一言我一语，纷纷猜测树上结了多少个桃子。猴妈妈看到了，给大家出了一道“有奖竞猜”题。谁答对了，最大的桃子就归谁。最后是哪个小动物答对了呢？

小猴灵灵家的桃子成熟了，他请了小动物们来做客。好客的灵灵带大家来到桃园，红通通的桃子馋得大伙儿口水直流。

“瞧，前面这棵桃树就是桃树王，听妈妈说，这棵桃树是我太爷爷种的，树龄有100多年了。”灵灵得意地介绍道。

“1、2、3……”噜噜站在桃树底下数了起来。

“噜噜，别数了，这么多桃子，你数得过来吗？不如我们一起来猜一猜吧！”小牛哞哞提议道。

“我猜有800多个。”小兔丽丽说道。

大伙儿你一言我一语，这时灵灵的妈妈端着水果盘走了过来，笑道：“这棵桃树王，今年结的桃子数是个三位数，百位上的数字是个位上的数字的2倍，三个数字的和是19。你们能猜出这棵桃树一共结了多少个桃子吗？”

“猜中了有奖品吗？”噜噜问道。

灵灵妈妈说：“谁猜对了，桃树王上最大的桃子就奖给他吃。”

小动物们都想吃到最大的桃子，纷纷拿出纸和笔算了起来。过了一会儿，丽丽第一个算了出来，开心地说道：“我知道答案了，桃子的数量是 874 个。”

噜噜不服气道：“你是怎么算出来的？可别瞎报一个数字骗桃子吃。”

丽丽解释道：“由于百位上的数字是个位上的数字的 2 倍，所以可以假设个位上的数字是 1、2、3、4，那百位上的数字就是 2、4、6、8。然后用 19 减去百位上的数字与个位上的数字之和，算出十位上的数字，也就算出了桃子的数量。”

丽丽又拿出自己的推算过程：

1. 当个位上的数字为 1 时，百位上的数字是 2，$19-1-2=16$，十位上的数字不可能是两位数，所以这种假设不成立。

2. 当个位上的数字为 2 时，百位上的数字是 4，$19-2-4=13$，十位上的数字不可能是两位数，所以这种假设也不成立。

3. 当个位上的数字为 3 时，百位上的数字是 6，$19-3-6=10$，十位上的数字不可能是两位数，所以这种假设也不成立。

4. 当个位上的数字为 4 时，百位上的数字是 8，$19-4-8=7$，十位上的数字是 7，所以这个三位数是 874。

灵灵爬上桃树王，把最大的桃子摘了下来，递给小兔丽丽，称赞道：“最大的桃子归你了！”

数学智慧大冲浪 56

1. 一个三位数，十位上的数字是 9，正好是个位上的数字的 3 倍，三个数位上的数之和是 13。这个三位数是（　　）。

2. 用两个 5 和两个 0 组成一个四位数，当 0 都不读出来时，这个数是（　　）；当只读一个 0 时，这个数是（　　）。

2 1000以内数的认识（二）门牌号

导语 刺猬果果搬新家了，他邀请噜噜去家里做客。可马虎的噜噜把果果家的门牌号给忘记了，顽皮的灵灵把果果家的门牌号“藏”在了一句话里。噜噜能找到果果家吗？

“丁零零……”噜噜家的电话响了起来。

“喂，你好，我是噜噜，请问你是哪位？”噜噜礼貌地问道。

“我是刺猬果果，我家搬新居啦，明天中午想请你来一起庆祝！”电话里传来刺猬果果的声音。

“好呀，明天我保证到。你的新家在哪里？”噜噜开心极了，因为庆祝活动结束后肯定有丰盛的午餐。

“我家住在动物城幸福大道左边的小动物区第……”

第二天，噜噜早饭也没吃，快到中午时，他赶到了果果家所在的小区。噜噜来到小动物区，发现这里的房子外表都差不多，可他偏偏把果果家的门牌号给忘记了。

噜噜在小区里找呀找，正好遇到了小猴灵灵，他连忙叫道：“灵灵，你知道刺猬果果家的门牌号吗？”

灵灵最喜欢捉弄噜噜，故意说道：“我只记得果果家的门牌号是个三位数。”

“三位数？门牌号从 001 号到 999 号共有 999 个号码，这可怎么找呀？”噜噜为难了，肚子也饿得咕咕叫了。

灵灵笑道：“我还记得果果家门牌号的个位与十位上的数字之和是 6；百位上的数字比个位上的数字小 3，比十位上的数字大 3。”

噜噜想了想，说：“个位上的数字与十位上的数字之和是 6，可能存在的情况有 06、15、24、33、42、51、60。”

灵灵提醒道：“对，再根据百位上的数字比个位上的数字小 3，可以推算出只有 06、15、24、33 符合条件。”

噜噜一拍脑袋，开心地说道：“再根据百位上的数字比十位上的数字大 3，可以确定果果家的门牌号是 306 号。”

“噜噜，你怎么一下子就算出来了呢？”灵灵问道。

“再不快点，我都要饿扁了！”

“哈哈，还真是，一有吃的你就变聪明了！”

数学智慧大冲浪 57

噜噜家的电话号码是一个七位数，前三个数字相同，和是15；从第四个数字开始，每个数字都比前一个数字小1。噜噜家的电话号码是(　　　　　)。

3 10000以内数的认识(一) 改名风波

导语 小鸡和黄鼠狼嫌弃自己的名字不好听，想要改名字。小鸡格格想改名为“莉莉”，黄鼠狼想改名为“黄数郎”。可偏偏不巧，森林派出所的所长不在，而电脑的密码又不知道，他俩能改成功吗？

“嘭嘭嘭……”一阵急促的敲门声惊醒了森林派出所警员豹叔叔。

“原来是小鸡格格啊，这么早有什么事？”豹叔叔热心地问道。

小鸡格格瞪着眼睛不高兴地说：“不要叫我格格，我要改名。”豹叔叔纳闷道：“格格，多好听的名字啊，为什么要改呢？”

“今后我要叫莉莉，叫起来多么浪漫，又朗朗上口……”小鸡自我陶醉地说着。

正在这时，又传来“嘭嘭嘭……”的敲门声，豹叔叔嗅了嗅，笑道："肯定是黄鼠狼，这个不爱洗澡的家伙。"门还没开，黄鼠狼就嚷了起来："豹子，我要改名字，我姓黄，黄帝的黄，名数郎，数学特棒的好儿郎。"

"什么'黄数郎'？还不是偷鸡摸狗的黄鼠狼。"格格一脸的不屑。

"这么好的名字，怎么到了你们鸡婆嘴里就变了味呢？"黄鼠狼不客气地回了一句。

格格怒道："再叫我鸡婆，我和你翻脸。"

黄鼠狼也不甘示弱："再叫我黄鼠狼，我就拔光你的毛。"

"好啦，别吵了！填一下申请表，我帮你们改名字。"豹叔叔捂着耳朵，真是受不了了。

"哎呀，我忘记电脑密码了，得等到我们警长来了才能办理。"豹叔叔摇摇头，表示无能为力。

"什么密码？我来试试。"黄鼠狼好像对破解密码特别在行。

9513	5813	7825
7832	5832	9525
9532	?	?

"还说自己不是小偷，现在都改行偷保险箱了。"格格好似抓住了黄鼠狼行窃的证据。

"你懂什么，这是数学！"黄鼠狼推了一下没有镜片的眼镜，假装斯文道。

黄鼠狼看了一眼电脑的密码后笑道："哈哈，这种小儿科的密码，对于我来说，只是小菜一碟！"

“快说，密码是什么？”豹叔叔催促道。

“根据 | ☆(▲) 9513 | △(▲) 5813 |，可推知▲代表 13；根据 [■] 7825 [★] 7832，可推知 [ ] 代表 78；所以 [▲] ? 代表 7813。用同样的方法，可以推算出 △(■) ? 代表 5825。”

电脑打开了，格格称赞道：“没想到你还真有两下子。”

“我的理想是做森林里的第一位数学家！”黄鼠狼得意地说道。

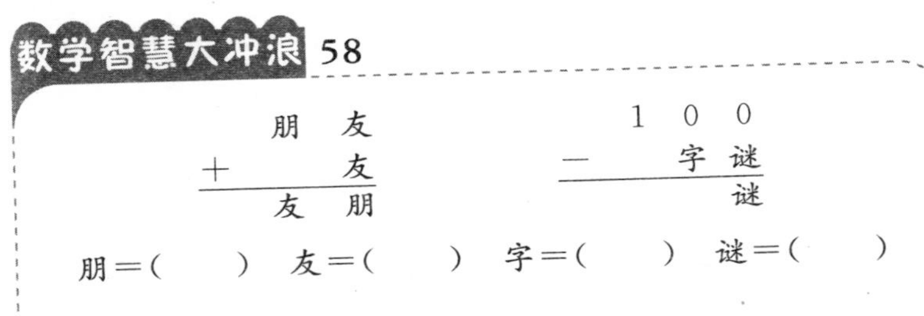

4 10000以内数的认识（二）
小刺猬的新书包

导语

小刺猬买了一个带密码的新书包。上课了，只有小刺猬没有拿出数学课本，因为他忘记了密码，书包打不开了。

“小嘛小儿郎，背着那书包上学堂，不怕太阳晒，也不怕那风雨狂……”小刺猬果果哼着歌，走进了教室。

“嘿，果果，你的新书包真漂亮，能给我们看看吗？”一群小伙伴围了上来，大家你摸摸，他拍拍，充满好奇。果果担心新书包被弄脏或弄坏了，连忙把书包抱在胸口，身体缩成一团。

“小气鬼，看看还能看坏了吗？”狐狸娇娇冷嘲热讽道。

下课了，果果去上厕所，娇娇把果果的新书包拿了过来：“乖乖，这书包还带密码锁呢，里面还分了许多夹层，真高级！”

上课了，山羊老师发现果果没有把数学课本拿出来，问道：“果果，上课怎么不拿出课本呢？”

“我……我把密码给忘记了。”果果支支吾吾道。

“哈哈，你应该把密码告诉我们，我们帮你记住。”娇娇起哄道。

“别急，仔细想想，书包密码有什么特点？”山羊老师安慰道。

果果说：“密码锁上从左往右有六个数字，按下三个数，使剩下的三个数字按顺序组成的三位数最小。

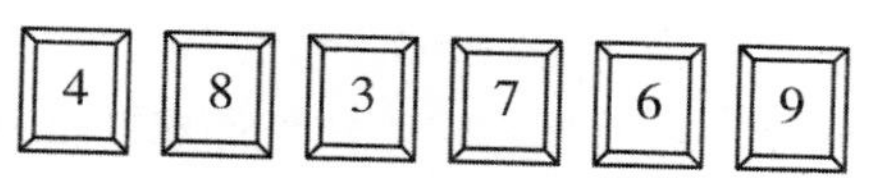

“我把最大的三个数字 8、7、9 按下去了，剩下 4、3、6，按顺序组成 436，可书包还是打不开。”

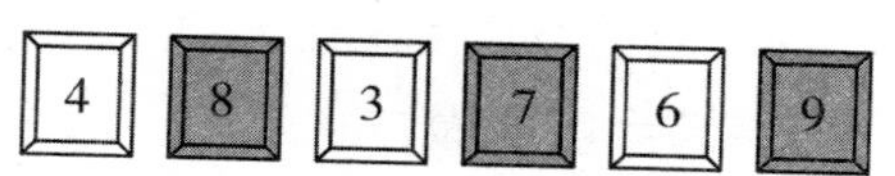

山羊老师笑道：“要使三位数最小，你认为哪个数做百位上的数最合适？”

在山羊老师的提醒下，果果终于找对了密码：按下数字 4、

8、7，剩下的三个数字按顺序组成的三位数是369。

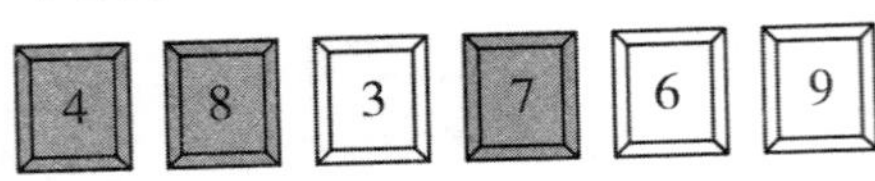

数学智慧大冲浪 59

如果小刺猬的书包的密码要求按下三个数字，使剩下的三个数字按顺序组成的三位数最大，密码是多少呢？

5 整百、整千数加减法
猪大叔拒绝“高薪”

导语

黄鼠狼不偷鸡啦！这可是大新闻。黄鼠狼开起了饭店，可烧的菜全是一个味——臭！眼看饭店要关门了，黄鼠狼便想用“高薪”骗猪大叔给他打工……黄鼠狼能得逞吗？

黄鼠狼眼红鸡大娘的饭店生意红火，特意在人家的对面也开了一家饭店，还聘请大嘴蛙做广告宣传。这不，大嘴蛙从早晨就开始广播了：“号外，号外！黄鼠狼不偷鸡，改开饭店啦！”

森林居民们听到广播后将信将疑：“不会吧？走，看看去。”

黄鼠狼见森林居民都来了，满脸堆笑道：“我们饭店的菜都是原汁原味的，可不像对面那家拼命加鸡精。”

居民们进去一品尝，个个都捂着鼻子往外跑，说：“你烧的菜全是一个味，臭豆腐味！”

门庭冷落的黄鼠狼决定去对门鸡大娘的饭店“侦察”一下。他来到鸡大娘的店里，说：“把你们最拿手的菜每样给我上一份！”黄鼠狼尝了尝，菜的味道果然十分鲜美，问道：“你们饭店是谁掌勺？”服务员回道：“是我们店的顶级厨师猪大叔。”

晚上，黄鼠狼召开会议，商议对策。店里的服务员纷纷抱怨道：“黄老板，再不改进菜的品质，我们店就得关门了！”黄鼠狼两眼一瞪，怒道：“你们有什么好办法吗？”服务员建议道：“你烧的菜太臭，必须换大厨。”

黄鼠狼觉得这个办法好，于是就挖空心思地想把猪大叔挖到自己的店里。一天，黄鼠狼在半路上拦住猪大叔，说：“你现在拿多少薪水呀？”猪大叔说：“半年 200 元，每隔半年加薪 10 元。”

黄鼠狼眼珠一转，想到了一个歪点子，说：“我开高价，你来我们店，一年 400 元，每年加薪 40 元。怎么样？”

猪大叔一听，感觉工资涨了不少，说：“真有那么多吗？”

“那当然了。要不我们现在就签合同，机会难得。这可是高薪啊，跳槽吧！”猪大叔思考片刻后，毫不客气地拒绝了：“哼，高薪？你自己留着吧，我不去！”

数学智慧大冲浪 60

聪明的小朋友，你知道猪大叔不去的原因吗？

八 克和千克

1 克与千克（一）

聪明的小猴灵灵

导语

小兔丽丽生病了，小动物们买萝卜去看望她。可马虎的超市老板算错了账，聪明的灵灵一下子就发现多付了……

“我们的大班长丽丽病倒了！”清晨，大嘴巴河马胖胖又开始传播他的小道消息了。

“病倒了？昨天晚上放学时还活蹦乱跳的，怎么一个晚上就病倒了呢？肯定是作业忘记做了，在家装病不来上学。”噜噜猜测道。

小猴灵灵嘲笑道：“你以为班长和你一样吗？”

这时山羊老师走进教室，说：“昨天放学，外面下着雨，丽丽看到迷路的野兔奶奶在路边，她把雨衣给野兔奶奶穿，自己淋了雨，晚上就发高烧了。”

小狗旺旺提议道：“今天中午我们去看望丽丽吧，让她在家安心养病。”

中午，噜噜、旺旺、灵灵代表同学们去看望丽丽，他们思来想去，决定买点丽丽最爱吃的萝卜。他们来到超市，看到超市里有两个装好的萝卜篮，其中一个装的是2千克白萝卜和3千克红萝卜，标价是15元；另一个装的是3千克白萝卜和2千克红萝卜，标价是10元。

噜噜说："老板，我们想买一个大一点的萝卜篮，能装下4千克白萝卜和4千克红萝卜。"

热心的超市老板立刻称了4千克白萝卜和4千克红萝卜，用一个大篮子包装好。可是这个篮子应该标多少钱呢？

老板算了算说："就收25元吧。"噜噜刚准备付钱，灵灵连忙说："老板，你的价格算高了。"

老板一听愣住了，一时没想明白。灵灵解释道："我们重新算一下吧。把原来两个篮子里的萝卜合起来算，就是5千克白萝卜和5千克红萝卜，总标价是15+10=25(元)，可以求出1千克白萝卜和1千克红萝卜的价钱是25÷5=5(元)。现在我们买4千克白萝卜和4千克红萝卜，所以应该付5×4=20(元)。"

经过灵灵这么一解释，大伙儿都明白了，老板也十分不好意思，不仅只收了20元，另外还送了一个大青萝卜。

数学智慧大冲浪 61

白球和灰球共重40克，白球和黑球共重30克，黑球和灰球共重20克。三种球各重多少克？

2 克与千克（二）又上当了

导语

狐狸兄妹合起来骗人，一个买胡萝卜根做菜，一个买胡萝卜叶喂鸡。噜噜怎么也想不明白，把胡萝卜根和叶子合起来卖，钱怎么就少了呢？

“胡萝卜，新鲜的胡萝卜！”噜噜大声地吆喝着。

狐狸姣姣和哥哥华华走上前问道：“胡萝卜怎么卖？”

“最后 10 千克，便宜点卖给你们吧，每千克 3 元。”噜噜想早点卖完回家。

姣姣和华华在一块嘀咕了一会儿，姣姣说：“我只要胡萝卜根做菜，我哥哥只要胡萝卜叶喂鸡。”

华华连忙说：“对！所以我买胡萝卜叶，每千克 1 元，姣姣买胡萝卜根，每千克 2 元，这样合起来，胡萝卜还是卖每千克 3 元，你一点都不吃亏。”

噜噜想想也对，就同意了。狐狸兄妹把胡萝卜根和叶分开称了称，各自付了钱，一溜烟就跑了。

噜噜数了数手中的钱，顿时觉得受骗了——本来应该收到 30 元，可现在手中的钱却少了许多。噜噜回过头一想，终于弄明白了：1 千克胡萝卜根 2 元，1 千克胡萝卜叶 1 元，这样 2 千克胡萝卜才卖了 3 元。

过了几天,狐狸兄妹又来了。

噜噜生气地说:"上次你们骗了我,这次胡萝卜不卖给你们了。"

姣姣笑着说:"这次保证不让你吃亏了。胡萝卜根每千克给你 2 元,胡萝卜叶每千克给你 4 元,这样 2 千克胡萝卜共给你 6 元,你不吃亏了吧?"

噜噜在心里算了好长时间:"没错,这还差不多。"

噜噜这次又卖给狐狸兄妹 10 千克胡萝卜。可当狐狸兄妹走后,噜噜发现胡萝卜根和叶分开卖还是吃亏了,应该卖 30 元,可现在只收到了 24 元。

"这是为什么呢?"噜噜想不明白其中的道理。

灵灵听说后,告诉了噜噜其中的奥秘:胡萝卜根要比叶重很多。10 千克胡萝卜的根重 8 千克,可得 $2\times8=16$(元),2 千克叶,可得 $2\times4=8$(元),一共得 24 元。

数学智慧大冲浪 62

噜噜有一桶油,油和桶共重 70 千克,倒出一半油后,这时连桶共重 40 千克。噜噜想知道油原来共有多少千克,桶重多少千克。小朋友,你来帮噜噜算算吧。

3 克与千克（三）
1千克大米有多少粒？

导语

嚕嚕吃饭狼吞虎咽，饭粒掉了一桌子，被妹妹嘲笑浪费了1千克粮食。兄妹俩想知道1千克大米有多少粒，嚕嚕是通过什么办法知道的呢？

小猪嚕嚕和妹妹一起吃饭。“哥哥，你吃饭还掉米粒！”妹妹看到狼吞虎咽的嚕嚕掉了一桌子米粒，提醒道，“你看，你掉了七八粒米，都快有1千克了，真浪费！”

嚕嚕听到妹妹的第一句话时还有点难为情，可听了后面一句，笑道：“哈哈哈……七八粒米就有1千克重，笑死我了。”

正在吃饭的妈妈放下筷子，对嚕嚕说：“别笑了。我来问问你，1千克大米有多少粒？”

妹妹有了靠山，连忙说：“对呀，哥哥，你告诉我，1千克大米有多少粒？”

嚕嚕傻眼了，他可不想在妹妹面前出丑，便装作理直气壮的样子说：“这个问题太简单了，只要先用秤称出1千克大米，然后数一数就可以了。”

妈妈笑着说：“你数得过来吗？估计你们俩数到过年都数不清。”

妹妹自作聪明地说：“我们老师教过，可以十个十个地数，或者一百个一百个地数。”

就在这时，噜噜脑袋里灵光一闪，想起山羊老师讲的一个例子——一个农民收蒜头，他先称一袋有多重，再算 60 袋的。嗯，这种方法可以借来用用。噜噜急忙对妈妈说："我可以先用秤称出 10 克大米，数一数有多少粒，然后再算 100 个 10 克有多少粒，就可以知道 1 千克大米有多少粒了。"

"这个办法好，我看行。我正好有做蛋糕的小秤。"妈妈称赞道。

噜噜一家急急忙忙吃过饭，就动手称起来了。噜噜用手指捏着几粒米，一粒一粒地往秤上放，生怕出了错。可是放了几十粒米，秤上的数字还是"0"。噜噜急了，抓了一把米往秤上一撒，这下不得了，秤上的数字一下跳到了"21"。噜噜只好小心翼翼地一点一点从秤上把米往下拿，终于秤上的数字变成了"10"。

妹妹跑过来，和噜噜一起数，好一会儿，终于数清了："10 克大米一共 405 粒，只要算出 100 个 405 是多少，就可以知道 1 千克大米有多少粒了。"

妹妹一脸崇拜地看着噜噜，说："哥哥，你好厉害！"

噜噜也觉得自己很厉害，他也可以用学过的数学知识解决生活中的小问题了。下次，如果有人问 1 千克花生有多少粒、1 千克黄沙有多少粒……噜噜可不怕了！更重要的是，噜噜知道以后吃饭不能再掉米粒了。

数学智慧大冲浪 63

拉面，小朋友们都吃过吧？拉面师傅拉一次面是 2 米，拉两次是 4 米，拉三次是 8 米……那拉 10 次是多少米呢？

九 数学广角——推理

1 简单推理（一）巧断银环

导语

狐狸开了高工资，让小鹿给自己打工，可是结算工钱时又想赖账。幸亏小猴灵灵来帮忙，小鹿才拿回了工钱。

放假了，小鹿梅梅决定利用假期时间打工挣学费，她应聘到狐狸的茶馆打工。

“老板，我打算在你这里打工 7 个星期，工钱怎么算？”梅梅问道。

狐狸眼珠一转，心生一计，笑道：“工钱一个星期一结，每个星期的工钱折合成一个银环。”

梅梅一听，开心极了，因为打工一个星期就给一个银环，这工资是很高了。

自从梅梅来到茶馆打工，狐狸便把店里的另一个工人辞退了，茶馆里所有的脏活累活全让梅梅干。梅梅每天都从早忙到晚，中间都不能休息。

转眼一个星期过去了，小鹿问狐狸要工钱。狐狸拿出一串银环，对小鹿说：“这是付给你的 7 个星期的工钱，每个星期只能取走一个。不过，你只能砍断其中的一个银环，不许多拿多砍，否则就别想要工钱了。”

梅梅想了半天，也没想出究竟要砍断哪一个银环，她哭哭啼啼地往家走去。

“咦，梅梅，你怎么哭了？谁欺负你了？”小猴灵灵遇到了梅梅，关心地问道。

梅梅把事情的经过跟灵灵讲了一遍，灵灵想了想，说：“走，我带你去狐狸那里讨工钱！”

“怎么又回来了？想好办法了吗？”狐狸坏笑道。

“想好了，把银环拿出来吧！”灵灵自信地说道。

狐狸拿出银环，灵灵拿起斧子就要砍，狐狸连忙拦住：“先别砍，万一你砍错了，我的银环就坏了。说说你准备怎么砍吧。”

灵灵在纸上画了一幅图，说道：

“我只砍断第三个银环，取下来作为第一周的工钱。”

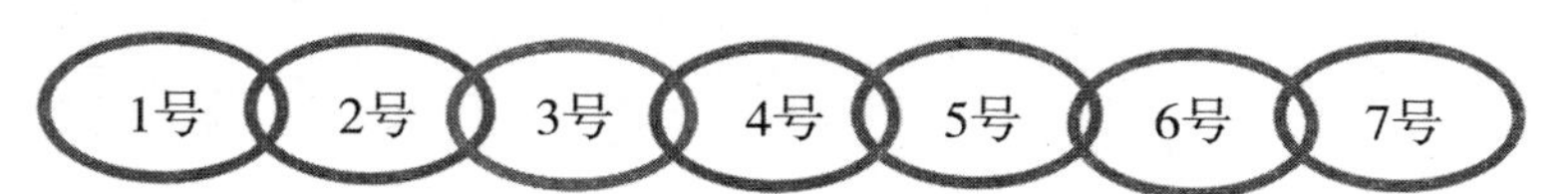

狐狸追问道：“第一周工钱你可以取了，后面几周的工钱你怎么取呢？”

灵灵接着说道：“第一周取 3 号银环，第二周用 3 号银环换 1 号和 2 号银环，第三周就拿 3 号银环，第四周用前面的 1、2、3 号银环换 4、5、6、7 号银环……”

狐狸一听，乖乖地把 7 个银环都给了梅梅。

数学智慧大冲浪 64

1个菠萝的重量+3个梨的重量+2个桃的重量=140克。

1个菠萝的重量+5个梨的重量+2个桃的重量=190克。

1个梨重(　　)克。

2 简单推理(二)
衣服是谁的?

导语

化装舞会上,小动物们尽情狂欢,可噜噜忘记准备道具了,只能给大伙儿看管衣服。最后还剩下3件衣服,都是谁的呢?

"号外、号外,本年度的动物学校狂欢节主题已经确定了!"大嘴巴河马胖胖又开始了他的广播。

"主题是什么?"大伙儿不约而同地问道。

"化装舞会!"

"太好了!狂欢节那天,我要穿上我的公主服,戴上面具,保证大家认不出我来。"狐狸姣姣得意地说道。

"认不出来?现在全班都知道你在化装舞会上穿什么啦!"小猴灵灵第一个笑道。

“不公平！你得告诉我，化装舞会你穿什么？”姣姣涨红了脸，说道。

“想知道吗？等到化装舞会那天，你自然就知道了。”灵灵可不想泄露自己的秘密。

动物学校狂欢节化装舞会开始了。这一天，小动物们都带来了自己的化装道具，只有马虎的噜噜忘记了带道具。山羊老师只好给噜噜布置了一项任务——看管衣服：“噜噜，今天你就负责帮大伙儿看管衣服。记住了，不能少一件。”

学校大礼堂里异常热闹，所有小动物都脱下了原来的衣服，换上了各式各样的道具——有的像公主，有的像王子，还有的像侠客……只有噜噜坐在长凳上，守护着一堆衣服。

化装舞会要结束了，噜噜把一件件衣服还给小动物们，最后剩下一件红衣、一件绿衣和一件花衣。

噜噜正在想这三件衣服是谁的，小熊、小羊和小兔从礼堂里走了出来。“你们的衣服是什么颜色的？”噜噜问道。

小熊答道：“我的衣服不是花的。”

小羊说：“我的衣服不是红的。”

小兔说：“我的衣服既不是绿的，也不是花的。”

噜噜仔细想了想他们的话，准确地把衣服还给了各自的主人。

噜噜虽然没能参加化装舞会，可他帮大伙儿保管衣服，山羊老师给噜噜颁了一个“最佳服务奖”。

数学智慧大冲浪 65

丽丽、姣姣、格格三个女生戴着红、黄、白三顶不同颜色的帽子。丽丽戴的帽子不是红色的，也不是白色的；姣姣没有戴红色的帽子。聪明的小朋友，你知道三个小伙伴各戴了什么颜色的帽子吗？

3 简单推理（三） 跑步比赛

导语 老虎是森林之王，猎豹是短跑健将。这两个大家伙比赛跑步，谁会胜出呢？

“砰”的一声枪响，小动物们吓得四处乱跑。小猴灵灵爬上树梢一看，原来是老虎和猎豹在比赛 100 米跑步。

小动物们连忙赶过去为虎大王呐喊加油。老虎虽然个头比猎豹大，可猎豹的身手敏捷，很快就超过了老虎。

灵灵在树梢上把比赛情况看得清清楚楚，比赛结果是老虎输了，而且足足落后了 10 米。也就是当猎豹到达 100 米的终点时，老虎才跑了 90 米。这让森林之王老虎很没面子，他气喘吁吁地叫道：“这次比赛只是热身，所以成绩不算。最近我正在减肥，只吃素不吃荤，力气也没以往大了，要是搁在以前，你小小的猎豹哪里是我虎王的对手。”

猎豹不紧不慢地说："行，这次我后退10米，我跑110米，你跑100米，这样总算公平了吧？"

老虎刚想答应，灵灵从树上跳了下来，在老虎耳边说了几句话。老虎笑道："不用你多跑10米，让我少跑10米就行了。"

比赛又开始了，这一次老虎和猎豹同时到达了终点，老虎多少挽回了一些颜面。

比赛结束后，噜噜不解地问道："灵灵，为什么让老虎少跑10米？猎豹多跑10米不是一样吗？"

灵灵解释道："如果猎豹跑110米，老虎跑100米，当猎豹跑完100米时，老虎跑完90米，他俩都剩下10米，那老虎还是会输掉；可老虎少跑10米，当猎豹跑完100米时，老虎正好跑完90米，这样他俩就能同时到达终点。"

噜噜挠挠头："原来是这么回事呀！"

数学智慧大冲浪 66

一个天平有九个砝码，其中一个砝码比另外八个要轻一些。至少要称几次，才能将轻的砝码找出来？

4 简单推理（四）

灯谜会

导语

小动物们举办灯谜会，各式各样的彩灯挂了起来。彩灯上还有谜语呢！

“观灯猜谜啦！”乌鸦在森林上空一边飞一边广播。小刺猬果果听到后，骨碌碌向森林广场滚去。

广场上彩旗飘扬，小动物们正在挂各式各样的彩灯。果果主动上前帮忙：“彩色气球我来挂！”

“红、黄、蓝、绿、红、黄、蓝、绿……”果果按着顺序挂完了气球，兴奋得又蹦又跳。“叭、叭、叭”，3只气球被他刺破了。

“这可怎么办？”小动物们着急了，灯谜会就要开始了。

“我去买！”果果骨碌碌向森林商店滚去。

“老板，我要买彩色气球。”果果气喘吁吁地说道。

猴老板热情地问：“什么颜色的？”

果果走得急，忘记了被刺破气球的颜色，支支吾吾不知如何回答：“我忘记了，好像是第13、19、26只气球破了。”

“气球是按什么颜色顺序挂的？”猴老板耐心地问道。

“是按红、黄、蓝、绿依次挂的。”果果把颜色顺序记得很清楚。

猴老板拿起笔算了算：

$13 \div 4 = 3 \cdots\cdots 1$

$19 \div 4 = 4 \cdots\cdots 3$

$26 \div 4 = 6 \cdots\cdots 2$

算完后，猴老板笑眯眯地说：“第13只气球是红色的，第19只气球是蓝色的，第26只气球是黄色的。”

果果把刺破的气球换上了新气球。

灯谜晚会开始了，彩灯上写着各种有趣的数学谜语。

下面的谜语各猜一个数字：

灭火——(　　)

其中——(　　)

一减一不是0——(　　)

口中有两颗门牙——(　　)

队伍中无人——(　　)

上交作业全无错——(　　)

虚心——(　　)

分西瓜没有刀——(　　)

旭日东升——(　　)

有了它就卖,没有它就买——(　　)

数学智慧大冲浪 67

小朋友,以上的数字谜语你能猜出来吗?

5 简单推理(五)

银行卡密码

导语

噜噜是个小财迷,为了自己的压岁钱不被爸爸妈妈用掉,他把钱存进了银行,可是却把密码泄露给了狐狸。噜噜的钱差一点就被狐狸给盗走了。

噜噜是个小财迷,经常抱着储蓄罐清点自己的零钱。一天,妈妈说:“噜噜,这学期的学费用你的压岁钱来交吧。”噜噜一听,反对道:“啊?你们大人就喜欢‘打劫’我们小孩的压岁钱。”

噜噜心想：不行，得想办法把钱存起来，要不早晚会被爸爸妈妈花掉的。噜噜打听到，钱存到银行里不仅安全，还有利息。

于是噜噜把钱全部存进银行了。他忘记了一点，零花钱零花钱，平时得零花呀。噜噜只好跑到森林银行自动取款机前，准备取一些钱零花。

噜噜在取钱时被狐狸看到了。狐狸走上前，笑道："噜噜，我帮你取钱吧，只要你把密码告诉我就可以。"噜噜摇摇头说："不用，妈妈说不能把密码告诉其他人。"

狐狸眼珠一转，想到了一个歪点子来套取密码，说："不告诉我，我也知道你的密码，肯定是6位数。"噜噜笑道："哈哈，猜错了，我的密码可是9位数。"

狐狸见噜噜上钩了，接着说道："我们打赌，我猜错一次请你吃一次冰激凌，不过，你还得再给点提示。"馋嘴的噜噜为了能吃上冰激凌，说出了密码的部分数字："十位上是7，个位上是8，每相邻三个数的和是16。"

狐狸记下了噜噜的银行卡账号，等噜噜取了钱走后，狐狸用噜噜刚才说的信息，推算出了银行卡密码。正当狐狸用噜噜的账号取钱时，森林警察及时发现了。原来银行门前有摄像头，森林警察看到了狐狸骗取噜噜银行密码的行为。当狐狸盗取噜噜的钱时，警察出现了："你盗用其他人的账号，被捕了！"当警察找到噜噜，并提醒噜噜不能透露银行卡信息时，噜噜还纳闷道："我的密码怎么就被破解了呢？"

数学智慧大冲浪 68

你知道狐狸是如何知道噜噜的银行卡密码的吗？

参考答案

【数学智慧大冲浪 1】4 米,10 米。

【数学智慧大冲浪 2】34 分钟

【数学智慧大冲浪 3】1、3、4、5、7、8、12

【数学智慧大冲浪 4】略

【数学智慧大冲浪 5】5 位

【数学智慧大冲浪 6】32+9=41(根)

【数学智慧大冲浪 7】所谓的两位母亲、两个孩子,其实是外祖母、母亲、孩子三代有血缘关系的人。外祖母给她的女儿 65 元,女儿又从中拿出 25 元给了她自己的孩子。所以,两个孩子的钱加起来还是 65 元。

【数学智慧大冲浪 8】先装满 7 千克的大桶,往空桶里倒 7 千克的油;再把 7 千克大桶装满,倒满 5 千克的小桶,这时 7 千克大桶里剩下 2 千克的油;最后,将这 2 千克的油倒入空桶里,空桶里有 7+2=9(千克)的油。

【数学智慧大冲浪 9】两个算式的答案应该是:90,67。

【数学智慧大冲浪 10】24 岁

【数学智慧大冲浪 11】29+24=53,53+18=71。

【数学智慧大冲浪 12】你想好的数都等于相应的那几行左起第一个数的和。比如:13=1+3+9,26=2+6+18,28=1+27,32=2+3+27。

【数学智慧大冲浪 13】

4	9	8
11	7	3
6	5	10

【数学智慧大冲浪 14】略

【数学智慧大冲浪 15】28

【数学智慧大冲浪 16】

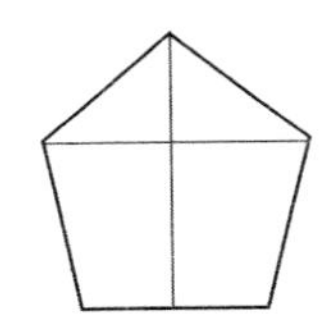

【数学智慧大冲浪 17】9 个锐角、3 个直角、3 个钝角

【数学智慧大冲浪 18】5553333

【数学智慧大冲浪 19】

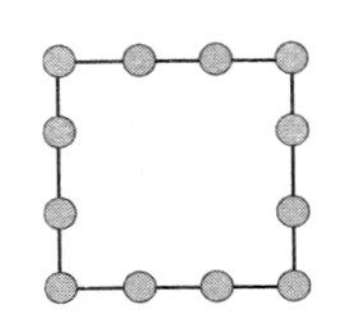

【数学智慧大冲浪 20】7 天

【数学智慧大冲浪 21】9 分钟

【数学智慧大冲浪 22】

【数学智慧大冲浪 23】$4-1=3,3\times8=24;6-2=4,4\times6=24$。

【数学智慧大冲浪 24】36 种

【数学智慧大冲浪 25】略

【数学智慧大冲浪 26】1. 2、2;2. 5、5;3. 4、4;4. 5、5。

【数学智慧大冲浪 27】832

【数学智慧大冲浪 28】其实灵灵是根据下面的特征，巧妙地算出姣姣手中的花生数是单数还是双数。这其中的原理是：

单数×2=双数

单数×3=单数

双数×2=双数

双数×3=双数

双数+双数=双数

双数+单数=单数

根据灵灵的要求，姣姣将左手握的数乘 3，将右手握的数乘 2，他很容易得出：若两手得数的和是单数，那姣姣左手握的是单数；若两手得数的和是双数，则左手握的数必定是双数。

【数学智慧大冲浪 29】不够

【数学智慧大冲浪 30】略

【数学智慧大冲浪 31】65 只

【数学智慧大冲浪 32】(8+6)÷7=2

【数学智慧大冲浪 33】10 时 20 分

【数学智慧大冲浪 34】先抽一张纸条，不要打开，然后对狐狸说：“狐狸，你打开另一张，就知道我抽到写有什么字的纸条了。”

【数学智慧大冲浪 35】40 种

【数学智慧大冲浪 36】老王和王英是一家，小王和小华是一家，小张和小红是一家，老张和小兰是一家。

【数学智慧大冲浪 37】1. 35、5、35;2. 5;3. 跳绳、乒乓球、篮球；4. 3;5. 30。

【数学智慧大冲浪 38】1. 11、9、8;2. 晴天、3;3. 6。

【数学智慧大冲浪 39】3 根

【数学智慧大冲浪 40】3

【数学智慧大冲浪 41】女生的队伍中有 3 人站到男生的队伍中。

【数学智慧大冲浪 42】2、3

【数学智慧大冲浪 43】1. 4、6；2. 5、11。

【数学智慧大冲浪 44】答案不唯一，举例如下图：

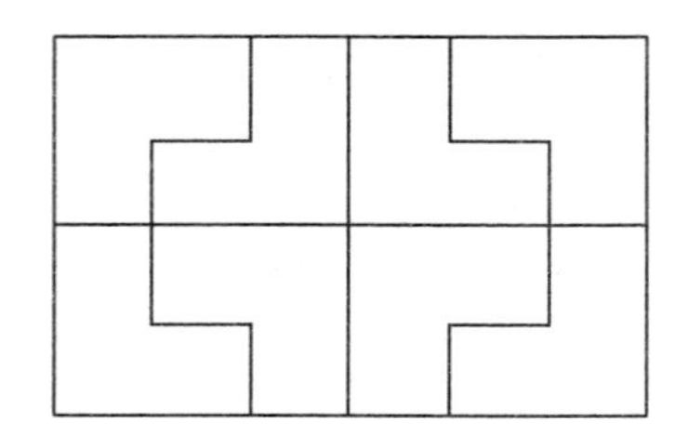

【数学智慧大冲浪 45】9 瓶

【数学智慧大冲浪 46】5 棵

【数学智慧大冲浪 47】略

【数学智慧大冲浪 48】○，△，△，○。

【数学智慧大冲浪 49】1. 3、5；2. 9。

【数学智慧大冲浪 50】利用倒推法。$6\times6=36$，$36+6=42$，$42\div6=7$，$7-6=1$。所以，这个数是 1。

【数学智慧大冲浪 51】9 个

【数学智慧大冲浪 52】5 次

【数学智慧大冲浪 53】$46\div5=9\cdots\cdots1$，所以小猴站在第一个位置。

【数学智慧大冲浪 54】○、☆、○；△7 个，○7 个，☆6 个。

【数学智慧大冲浪 55】姥姥分得 6 个，爸爸分得 3 个，妈妈分得 2 个。

【数学智慧大冲浪 56】1. 193；2. 5500，5050 或 5005。

【数学智慧大冲浪 57】5554321

【数学智慧大冲浪 58】8、9；9、5。

【数学智慧大冲浪 59】879

【数学智慧大冲浪60】猪大叔没有被黄鼠狼的数学游戏所迷惑。他在鸡大娘的饭店第一年的上半年拿200元，下半年拿210元，全年拿410元。在黄鼠狼的饭店只能拿400元。

第二年，在鸡大娘的饭店能拿220＋230＝450（元），而在黄鼠狼的饭店只能拿440元……

从表面上看，鸡大娘半年只加10元，黄鼠狼一年加40元，可是细算，黄鼠狼给的薪水还是没有鸡大娘给的高。

【数学智慧大冲浪61】白球25克、灰球15克、黑球5克。

【数学智慧大冲浪62】桶10千克，油60千克。

【数学智慧大冲浪63】1024米

【数学智慧大冲浪64】25

【数学智慧大冲浪65】丽丽是黄色的，姣姣是白色的，格格是红色的。

【数学智慧大冲浪66】第一次：左右两边各放四个砝码，如果两边一样重，说明剩下的一个砝码为较轻的。这种情况下，称1次就能将轻的砝码找出来。如果两边不一样重，把较轻一边的4个砝码取下来。第二次：把刚才取的4个砝码一边放2个，取下较轻一边的2个砝码。第三次：把取的2个砝码放在天平两边，这样就可以准确地找出哪个砝码较轻了。所以，称3次就能找出。

【数学智慧大冲浪67】一、二、三、四、五、六、七、八、九、十。

【数学智慧大冲浪68】□□□□□□□78，由于每相邻三个数的和是16，所以可以推断出百位上是1；依次往前推算，可知密码是178178178。